JN174067

ザ・パーフェクト

日本初の恐竜全身骨格発掘記

二〇〇三年四月。
北海道むかわ町穂別で
日本古生物学史上、
最大級の発見があった。

口絵①　2013年の第一次発掘の様子と、確認された骨の名称。翌年の第二次発掘ではさらに深く掘り進められた。

口絵②　第一次発掘前の第1回報道会見。発掘の指揮をとる北海道大学の小林快次（右）と発見者の堀田良幸（左）。

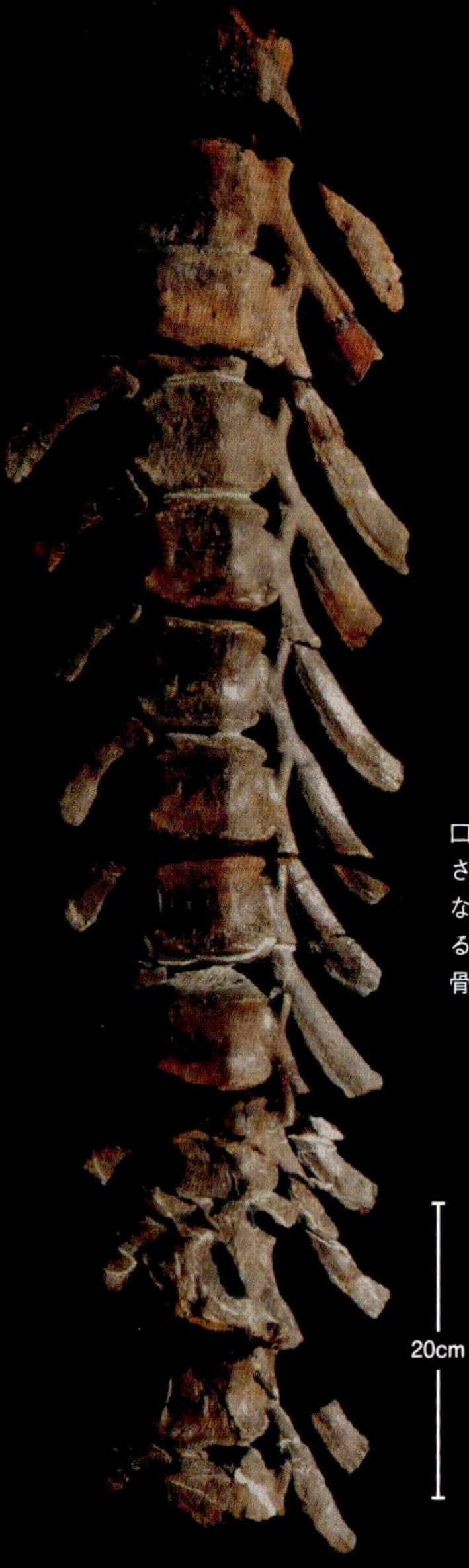

口絵③　2003年に発見された尾椎骨。ほぼ完璧な状態で、見事につながる。すべては、この尾椎骨の発見からはじまった。

口絵④　発掘現場。

1 発掘は山の斜面中腹を削って進められていた。2013 年 9 月 24 日撮影。

2 発掘はまず、重機を投入して化石の周囲を大きく掘り込む。

3 削岩機などを用いて、周囲の岩石をより細かくしていく。

4 母岩ごとジャケットで包み、重機で搬出する。

口絵⑤　本格発掘を決めることになった椎骨の発見（写真白枠）。

口絵⑥　大腿骨の入った岩塊を第一次発掘で発見。これで全長等が推測可能に。

口絵⑦　地層がほぼ垂直であるため、発掘は両サイドを掘り、支えながらの作業となった。

口絵⑧　第二次発掘でみつかった上顎の骨の一部。この発見で、頭骨の存在が確実となった。
（口絵写真すべて：むかわ町穂別博物館）

口絵⑨　発掘された恐竜は、かつて海に流されてきた遺骸だった。
©Masato Hattori

はじめに

北海道のむかわ町に「すごい恐竜化石」が眠っている！

２０１３年7月17日。むかわ町立穂別博物館と北海道大学から発表されたプレスリリースは、衝撃的でした。

正直な話、21世紀になって10年以上の歳月が経過した現在では、「日本の地層から恐竜化石を発見」というニュースがあっても、さほど珍しいものではありません。「日本では恐竜化石はみつからない」といわれていた１９８０年代までとは異なり、現在の日本では毎年のように「恐竜化石を発見」のニュースが報じられています。そのため、「恐竜化石発見」だけでは、あまり驚かれなくなりました。

しかしむかわ町の恐竜化石は、これまでの日本産の恐竜化石とは、大きく異なったものでした。恐竜の尾の骨（尾椎骨）が13個（口絵③参照）。すばらしい保存状態で、個々の骨がつながっていたのです。

多くの日本産恐竜化石は部分化石で、しかもバラバラの状態でみつかります。しかし、むかわ町の恐竜化石はつながって発見され、さらにその先が地層の中に埋もれているというのです。

どこまで地層の中に眠っているのか。

この発見によって、北海道の小さな町は世界から多くの注目を集めていくことになります。


この本は、北海道むかわ町の山の中で進められた恐竜化石の発掘記です。

ただし、既刊の類書とはスタイルを少し異とするものをめざしました。

「恐竜化石の発掘」と聞くと、「みつけた」「掘った」「こんな恐竜だった」という三つに集約される物語のようですが、本書ではこの三つに「どのような人が」というキーワードを加えました。


どのような人が恐竜化石をみつけるのだろう？

どのような人が恐竜化石を掘っているのだろう？

どのような人が恐竜化石から恐竜の姿を明らかにしていくのだろう？

どのような人が……。


この本では、むかわ町の恐竜化石に携わった9人に取材しています。そして、それぞれの視点で物語を綴りました。９人がどのような経緯で、この恐竜化石に関わるようになったのか。結果として、人によっては中学生時代にまで遡って、その半生を追いかけています。

恐竜化石を発見した堀田良幸さんは、プロの研究者ではありません。むかわ町に暮らす化石収集家で、30年以上にわたってむかわ町の山中でアンモナイトの化石を探してきました。

むかわ町には、町立の博物館があります。その博物館で働く櫻井和彦さんと西村智弘さん、下山正美さんは、発掘においてそれぞれ重要な役割を果たすことになります。

東京学芸大学准教授の佐藤たまきさんは、今回の恐竜化石について、ターニングポイントともいうべき指摘をされた方です。

そして、北海道大学総合博物館准教授の小林快次さん。恐竜研究の専門家として、今回の発掘を指揮されました。

その小林さんのもとで研究を進めている高崎竜司さんと田中公教さんは、大学院生です。人的戦力として、発掘に参加しました。

むかわ町町長の竹中喜之さんは、今回の恐竜化石が発見されるまで、化石とは無縁の人生をおくられてきた方です。しかし現在は町の長として、この化石を取り扱う計画の代表となっています。

この９人に加え、カナダ、アルバータ大学教授のフィリップ・カリーさんにもインタビューをすることができました。カリーさんは、世界の恐竜研究を牽引してきた名実ともに第一人者です。

かくいう筆者も、実は、むかわ町に無縁というわけではありません。

筆者は、地質学や古生物学の啓蒙普及を生業とするサイエンスライターとして活動しています。大学・大学院時代は、地質学と古生物学を専門として研究生活をおくっていました。そのとき、メインフィールドとしていた地域の一つにむかわ町の穂別地域があります。今回の恐竜化石がみつかった地域です。

当時、同じ大学の後輩や、他大学の仲間とともに町内の宿を拠点とし、地質と化石の調査のために穂別の山々を歩いたものです。

そのときはまさか、恐竜化石がむかわ町でみつかるとはカケラも思っていませんでした。

今回、むかわ町で発見された化石は、これまでになく多くの部位が残っていました。まず発見されたのは尾の骨。そして発掘によって、からだの大きさを推測するのに重要となる太腿《ふともも》の骨、肋骨、そして頭骨が露になっていきます。これほど全身の各パーツが、しかもつながった状態で発見された例は日本ではなく、まさに世界級の標本といえます。(もっとも、その大部分は本書執筆時点では岩の中なので、実際のところ、保存率がどの値までのびるのかは、これからのお楽しみです)

『ザ・パーフェクト』。本書のタイトルは、「尾から頭まで」という、日本産恐竜化石として随一の保存率を誇る標本であることにちなみ、そして、今後の発見にも期待をこめて、名づけられたものです。

この本では、そんな恐竜化石がどのように掘り出されてきたのか。発掘に関連した人々の知恵と工夫、そして思いを綴っています。

化石を楽しむ古生物学という学問。その楽しさがみなさんに少しでも伝われば、筆者としてこれに勝る喜びはありません。

むかわ町の恐竜化石をめぐる人々の〝ロマンの旅〟に、おつきあいください。

２０１６年７月　土屋 健（サイエンスライター）

第2部 恐竜化石……81

恐竜イラスト：服部雅人
図版：有留ハルカ
ブックデザイン：永井デザイン事務所
校正：佑文社

第1部

むかわ町穂別

第1章

ワニの化石だと思っていた——堀田良幸

最初の発見者である堀田良幸さんは化石収集家だ。取材で初めて会ったとき、笑顔で「俺の話で良いの？」と切り出した。臨場感あふれる語りに、予定していた取材時間はあっという間に超過した。穂別の地質やアンモナイトに関しては専門家顔負けの知識をもつ。

ふと見上げると崖の斜面に灰色の岩塊がいくつか見えた。

手に持ったピッケルで崖を削って足場をつくりながら、数メートルの斜面をよじ登る。近くで見ると岩塊は、ラグビーボールほどの大きさがあった。数は7個。ピッケルを置いて、そのうちの一つを両手で拾い上げた。

岩塊の側面が割れていた。そこに、黒い組織が顔を出している。

骨《ほね》化石《かせき》の断面だ。

海の動物たちの骨化石の断面は、これまでにいくつも見てきた。しかしこれは、そうした断面とはどこかちがっていた。

これまでに見たことのある、海棲動物の骨とくらべると、骨の内部の空隙が小さい。骨の密度が高い、と感じた。

そのことから、完全な水中種ではなく水陸両棲の動物の化石ではないかと思い至った。

ここまで考えて閃《ひらめ》いた。

「水陸両棲のワニの化石じゃないか」

珍しい。そうそうみつかるものじゃない。そう思った。

●

堀田良幸は、１９５０年にむかわ町穂別《ほべつ》で生まれ、育ち、今も暮らす化石収集家だ。

穂別は、日本有数の化石産出地である。とくに中生代白亜紀のアンモナイトを多く産することで知られ、町の内外には多くの愛好家・収集家が暮らしている。

穂別で生まれ育った堀田にとって、化石は珍しい存在ではなかった。子供の頃から友人たちがごく普通にアンモナイトを採集していた。堀田にとっては身近すぎて、とくに興味を惹かれたこともなかった。

堀田が化石採集をはじめたのは大人になってからである。

1975年5月5日。25歳。何か新しいことをやってみよう、と思い立った。そこで化石採集に挑戦することにした。

堀田は人生で区切りとなる日に何か新しいことに挑戦しようと決めている。1975年は、言い換えれば、昭和50年である。昭和50年5月5日。5が三つ並ぶ日にアンモナイト採集に挑戦した。

しかし結果は、満足のいくものではなかった。

採集できなかったのではない。

簡単に採集できてしまったのだ。この日1日で7個のアンモナイトの化石をみつけた。

「なんだ。簡単だあ」

やりがいがない。興味を失った。

その5年後の1980年、つまり昭和55年5月5日。

堀田は再びアンモナイト採集に挑戦した。著名な化石収集家に出会い、勧められたことがきっかけだった。このとき30歳。

しかし今度は、アンモナイトはまったくみつけられなかった。

1年かけて穂別の山中を歩いたが、1個だけしか発見できなかった。5年前は、1日で7個みつけることができたのに……。

ここで火がついた。

犬も歩けば、棒に当たる。

そんな気持ちでは、化石はけっしてみつけることはできないのだ。

文献を集め、読みあさり、独学で地質学を身につけた。地形を読み、地質を知る。地質学の知識を身につければつけるほど、アンモナイトがいた時代の穂別の様子が眼の前に浮かぶようになった。

化石採集は、山の中を流れる沢が舞台だ。堀田の一日は、まだ陽も昇りきらない朝4時にはじまる。朝4時に山中に入り、3時間ほど山の中を歩いて化石を探す。その後、出勤。当時、堀田は郵便局に勤めて、郵便貯金の営業を担当していた。日中、とくに昼は営業活動のかきいれ時だ。そのため、堀田自身の〝昼休み〟はいつも夕方になる。その休み時間を使って、また3時間ほど化石を探しに山に入った。

1日合計6時間。化石を探して歩く。そんな日々をずっと繰り返した。

ある日、京都大学の研究者が郵便局にやってきた。堀田のもつ標本の一つを見せてほしいという。

「素晴らしい標本だ」

その研究者は、その標本にまつわる科学的な情報を話した。曰く、白亜紀最末期を代表するアンモナイトの一つであるという。

研究者は続けた。

「今後は、この時代の地層を中心に歩きなさい」

穂別であれば、それができるから。

穂別であれば、その専門家になれるから。

以降、堀田は穂別に分布する白亜紀の地層の中でも、末期に堆積した地層を中心に歩き、その時代の化石を集めるようになった。

堀田のやり方は、とにかく舐めるように地層を観察することからはじまる。化石は「ノジュール」と呼ばれる岩塊に入っている。その岩塊を探すのだ。

やがて、朝の化石採集だけでも1日4～5個の化石をみつけることができるようになった。20年を越える化石収集歴で堀田が発見した化石は、アンモナイトを中心に海棲《かいせい》爬《は》虫類《ちゅうるい》に至るまで、多岐にわたる。

穂別であれば、沢の形から化石のみつかる場所まで、手に取るようにわかるようになった。とくに白亜紀末期の地層とそこから産出するアンモナイトであれば、誰よりも詳しくなった。

リハビリ散歩の途中で……

50歳のとき、堀田は骨の大病を患った。足の調子が悪くなり、満足に歩けなくなった。

2年の間に入退院を繰り返した。

3年目。53歳のとき、病は完治に向かいはじめ、リハビリの一環で歩くことが推奨されるようになった。

このとき思いついたのが、かつて化石採集で歩いた沢である。ゆるやかな上り坂になっている沢がいくつかあった。

リハビリのルートとして、堀田はそうした沢の一つを選んだ。その沢の脇には崩れた林道がある。チョロチョロと水が流れるその林道を歩こうと思った。

堀田が歩いた林道。　（後日撮影。雪はない。Photo：むかわ町穂別博物館）

朝早く活動をはじめるのは、化石採集のときと変わらない。

日が昇りきらないうちに林道の入口まで車で走り、入口前に駐車して、ピッケル一つと懐中電灯を片手に歩き出す。

4月6日。北海道の春は遅い。選んだそのルートは、まだ雪が残っていた。

ただし、積もった雪は凍りついて硬くなっており、足が沈み込むというわけではない。ピッケルを杖代わりにつきながら、堀田はリハビリを開始した。

どのくらいの距離を歩いただろう。その日は、適当な場所で折り返し、帰宅した。

翌日も同じ時間に同じルートを歩いた。2日目は1日目よりも長い距離を進んだ。

その翌日も同じ。距離は2日目よりものびた。

リハビリをはじめて4日目の4月9日。林道の入口から約2キロメートルの距離を進んだときのことだった。

ふと顔をあげると、山の斜面に地層がむき出しになっていた。そこは南斜面で陽がよくあたる。いち早く雪がとけていたのだ。

こうした地層がむき出しの場所は「露頭《ろとう》」と呼ばれる。化石を探すポイントとなる場所だ。今日は化石採集に来たわけではない。それでも長年の習慣で露頭を見上げ、アンモナイトが入っているようなノジュールがないかを無意識で探していた。

するといくつかのノジュールが斜面の中腹に顔を出していた。

リハビリ途中ではあったけれども、こうなると体がうずいてしかたがない。

ピッケルで斜面に足場をつくりながらノジュールのある位置まで登った。数は7個。そのうちの一つを両手で拾い上げた。

岩塊の側面が割れていた。そこに、黒い組織が顔を出している。

「骨化石の断面だ」

海の動物たちの骨化石の断面は、これまでにいくつも見てきた。しかし、そうした断面とはどこかちがっていた。

これまでに見たことのある、海棲動物の骨とく

樹木の生えていない面が露頭である。
（後日撮影。Photo：むかわ町穂別博物館）

らべると、骨の内部の空隙が小さい。骨の密度が高い、と感じた。

そのことから、完全な水中種ではなく水陸両棲の動物の化石ではないかと思い至った。

ここまで考えて閃いた。

「水陸両棲のワニの化石じゃないか」

珍しい。そうそう見つかるものじゃない。

このとき、ある人物の顔が脳裏に浮かんだ。

地元、穂別博物館の櫻井和彦の顔だ。古生物学担当の学芸員である。当時、博物館のたった一人の学芸員として活動していた。専門は脊椎動物の化石である。

「よし、櫻井くんに寄付しよう」

しかし今の堀田には、ラグビーボールサイズのノジュールを担ぎ出すなんてことはできない。そもそも、ここにはリハビリとして歩いてきたのだ。化石採集の装備だってもっていなかった。

それでもなんとかノジュール7個を斜面から降ろし、雪の中に埋めた。

同じルートを誰か別の化石収集家が歩いてきて、そのノジュールを持っていかれることがないように隠したのだ。

帰り道、さっそく穂別博物館に顔を出した。櫻井を呼び、こう告げる。

「おれ、ワニの化石をみつけたよ」

櫻井はさっそく回収隊を組織した。

ノジュールは岩の塊である。ラグビーボールサイズともなれば、その重さは大の大人がようやく一つ抱えることができるほどだ。それが7個。一人で回収できるわけではない。

5人集まった。

堀田はその5人とともに現場に戻り、雪に埋めていたノジュールを掘り出した。現場に拾い損ねているものがないかどうか、数人が露頭を登って確認した。

メンバーで最も若い櫻井に一つを背負わせ、残りは子供用のソリに載せて林道の外にとめた車まで運び出した。

そして博物館まで運搬し、結果的に櫻井、とい

典型的なノジュールの1つ。(但し、写真のものは、かなり大型)
(Photo:むかわ町穂別博物館)

うよりは、博物館に寄贈することになった。

「クビナガリュウ類の化石かもしれませんね」

櫻井はそう分析した。堀田はワニの化石だと思っていたけれども、とくに自説にこだわるつもりはなかった。

「白亜紀末期のクビナガリュウ類の化石となると、珍しいかもしれません」

櫻井は続けた。「珍しい」と言われたことで、この標本に関する研究の優先度が上がると当初は思った。しかし、どうやら博物館には、研究の〝順番待ち〟をしている標本がたくさんあるらしい。

標本は博物館の収蔵庫の奥で眠り続けることになった。

いつしか堀田は自分が寄贈したことさえも忘れていった。

後回しにされて8年後……

寄贈から8年が経過した。

あるとき、櫻井が堀田を訪ねてきた。

「堀田さん。寄贈してくれた標本ね、ひょっとしたら大変なことになるかもしれない」

どうもはっきりしない口調である。

「どした？」

当時、穂別では、新種のカメ化石が話題になっていた。

「カメか？　カメだったのか？」

櫻井は首を横に振った。

「もしかしたら、大きなニュースになるかもしれません。もう少しはっきりしてからまた来ます」

堀田は苦笑した。何をもったいぶっているのだ。

堀田が自分のみつけた標本の〝正体〟を知らされるまでには、もう少しの歳月が必要だった。

第2章

北海道フィールド

北海道は広い。その面積は、8万3457平方キロメートルになる。日本一だ。

面積2位の岩手県と比べても5倍の面積をもち、東京都や大阪府と比較すると、その面積は実に40倍をこえる。

北海道の形は概ね東・西・南・北に頂点のある菱形で、西の頂点から弧を描くように南の青森県に向かって渡島《おしま》半島がのびる。道庁所在地である札幌は、菱形の西の頂点近くに位置している。

菱形の南と北の頂点を結ぶように、南から日高山脈、夕張山地、石狩山地、北見山地といった山々

本書に登場する北海道各自治体の位置関係。

が約400キロメートルにわたって連なり、北海道を東西に分けている。

　この南北に連なる山々に平行するように、注目すべき地質が分布する。

　もともと北海道は、明治維新以降に本格的に開拓が進められた地域である。北海道各地で地質調査が進められていった結果、良質の石炭が発見された。明治政府はこの石炭に注目し、各地に炭鉱と炭鉱街を築いていった。

　当時の北海道の重要性を物語るのが、三笠市に残る鉄道跡だ。

　三笠市は、札幌から道央自動車道経由で北東に1時間ほどの距離にある。その市内の一角に「幌内鉄道」と呼ばれる廃線がある。かつて、この路線は三笠市内の幌内炭鉱と小樽を結ぶ産業鉄道だった。新橋⇔横浜間、大阪⇔神戸間に次いで日本で3番目に開通したというから、政府の注目の高さがうかがえる。三笠市で産出した石炭が小樽で船に積み替えられ、日本各地の近代化・工業化を支えた。北海道各地には、こうした旧炭鉱街が点在する。

「時の流れは残酷なもので」という表現は、北海道の旧炭鉱街を歩くと切実に感じることができる。かつては繁華街として賑わった街も炭鉱が閉鎖され、人口が流出してのちは静かなものである。

　筆者（土屋）は大学・大学院時代、そうした炭鉱街のあった街の一つ、夕張市の大夕張地域の山中で地質と化石の調査を行った。山中のフィールドに入る前に旧炭鉱街を通過する。きちんと区画整理されたその地域には人の住む家は一軒もなく、それどころか住宅そのものがなかった。かつての住宅などの土台や電線のない電柱が並び、アスファルトはそこかしこでひび割れて、草が顔を出していた。

鞄のポケットに国土地理院が制作した2万5000分の1の地形図を入れていた。しかし、その地形図に掲載されていた学校などはすでになく、現在地を確認するためには、周囲の地形を読み取る以外に方法はなかった。カーナビなどがさほど普及していない時代の話だし、携帯電話にもGPSは実装されていなかった。幸いにして、大学で学んだ野外調査法で、地形を読み取り、地形図上のどこに自分がいるのかを把握する訓練は積んでいた。

道路の側溝を覆う板も壊れていた。一度ならず、車のタイヤをその側溝に落としてしまい、脱出に苦労したものである。筆者が調査に入っていたフィールドは、そんな旧炭鉱街の先を流れる小さな沢だった。

石炭の〝隣〟に化石あり

さて、北海道の石炭は、約5000万年前〜約4000万年前にたまった植物が化石化したものだ。約5000万年前〜約4000万年前といえば、鳥類をのぞく恐竜類が絶滅してから

1600万年以上の歳月が経過していた時代である。哺乳類の本格的な繁栄がはじまっていた。

そうした時代にできた地層のすぐ隣には、恐竜時代である白亜紀の地層が分布していることが多い。明治時代以降、石炭の地層を調べていくうちに、アンモナイトの化石などがみつかる地層も調べられるようになった。たしかに記録に残されているわけではないけれども、そのような指摘もある。

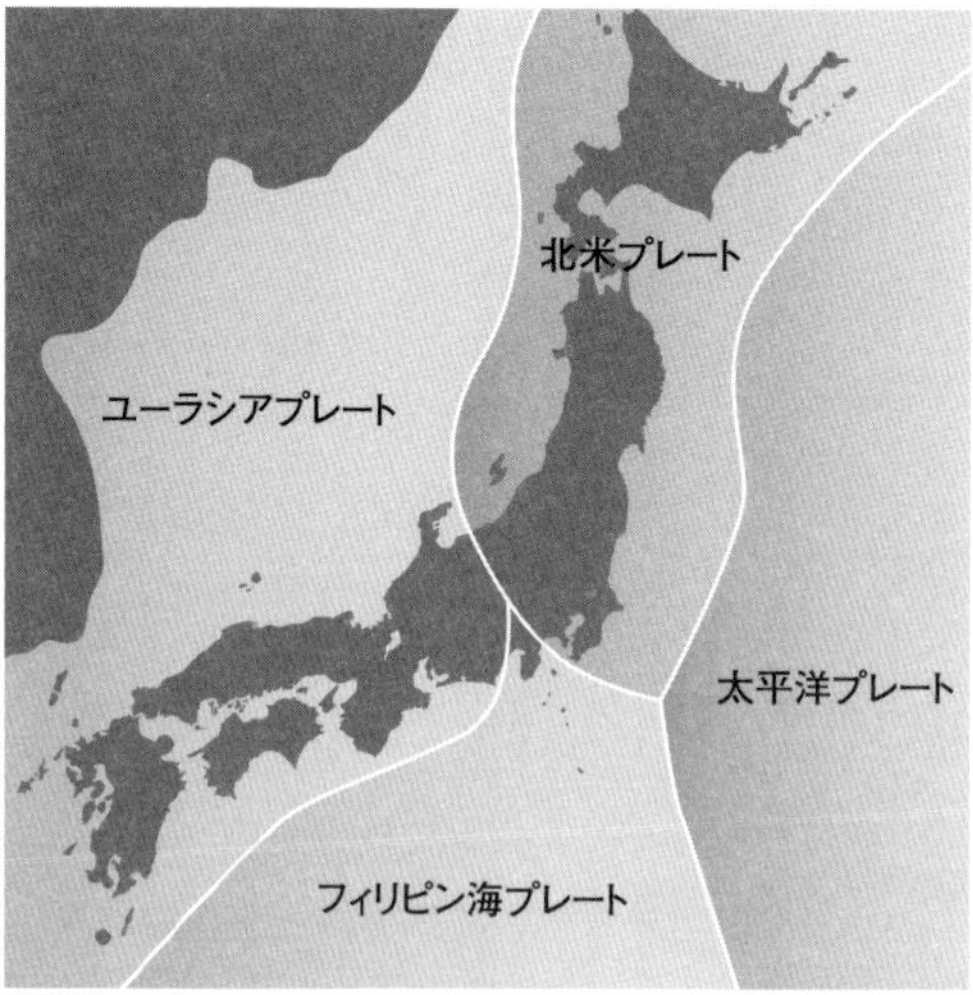

現在の日本周辺のプレート配置。

ここで少し壮大な「地球の話」を書いておこう。

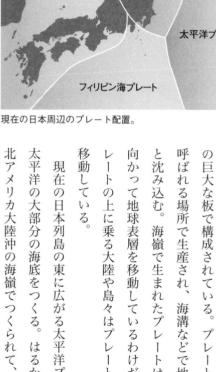

地球の表層は「プレート」と呼ばれるたくさんの巨大な板で構成されている。プレートは海嶺《かいれい》と呼ばれる場所で生産され、海溝などで地下深くへと沈み込む。海嶺で生まれたプレートは、海溝に向かって地球表層を移動しているわけだ。そのプレートの上に乗る大陸や島々はプレートと一緒に移動している。

現在の日本列島の東に広がる太平洋プレートは、太平洋の大部分の海底をつくる。はるか彼方、南北アメリカ大陸沖の海嶺でつくられて、日本列島

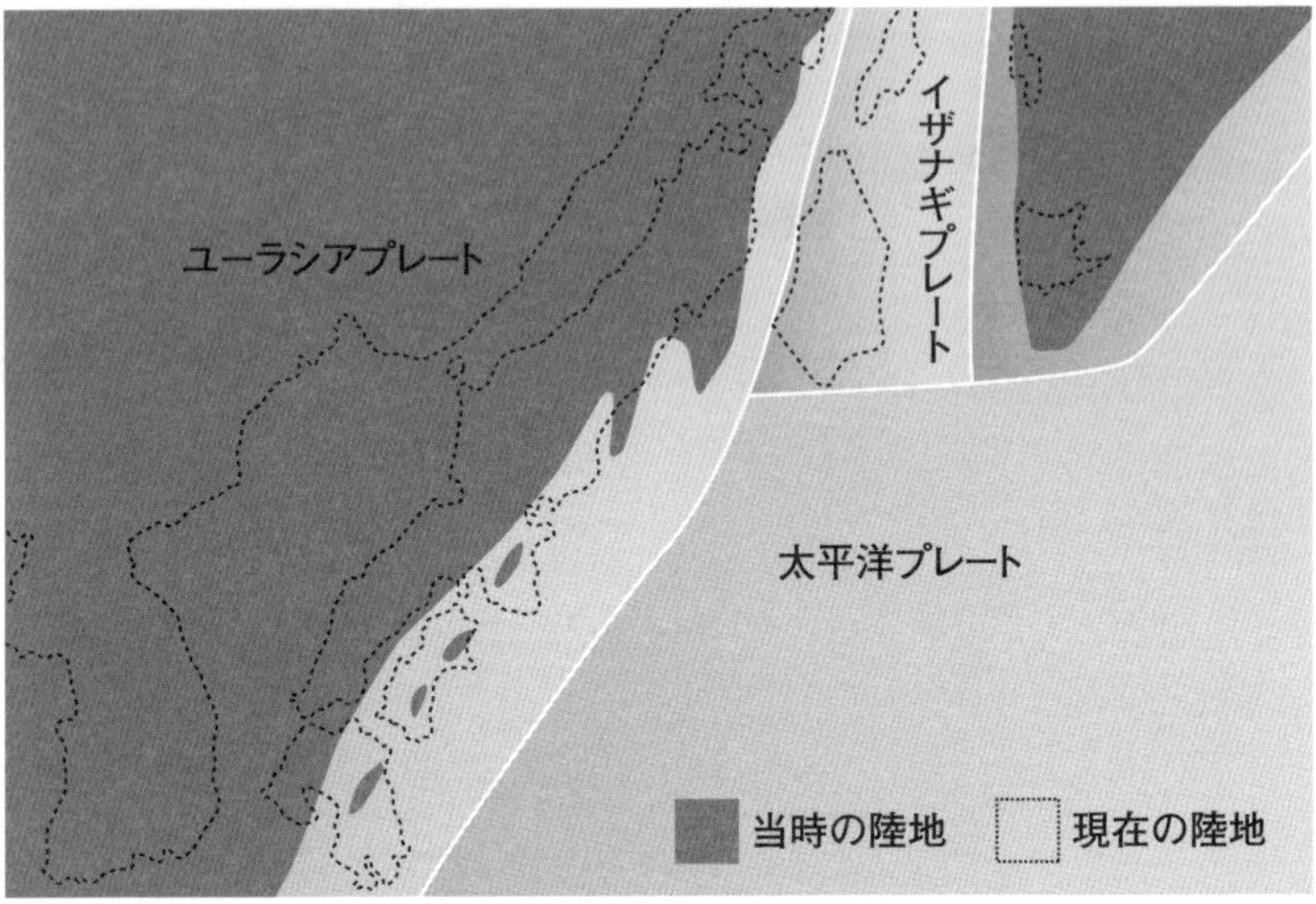

白亜紀の日本周辺のプレート配置。

の東にある日本海溝に向かって移動してくる。

かつて、その太平洋プレートの北西に「イザナギプレート」と呼ばれるプレートがあった。このプレートがのちに北海道東部などをつくる陸地をのせて北東アジアにやってきた。その陸地と北東アジアの間にできた海峡には、当時の温暖な気候もあいまって無数のアンモナイトやたくさんの海棲爬虫類が生息していた。

それから数千万年間のうちに、この海峡はしだいに狭められていった。太平洋プレートに押しこまれ、地球深部へと沈みきれなかったイザナギプレートが陸化をはじめたのだ。その間にある海峡も狭められ、浅海化していった。

さらに陸化は進み、やがて山脈ができあがる。これが今日の日高山脈だ。約4500万年前〜約

蝦夷層群と函淵層群の分布域。

3500万年前のことである。このとき、全地球的に温暖な気候が支配しており、日高山脈の周辺地域には多くの植物が繁茂していた。この植物がやがて炭田をつくることになる。

〝海峡時代〟の北海道に堆積した二つの地層群がある。「蝦夷《えぞ》層群」と、蝦夷層群の西に分布し、蝦夷層群よりも少しだけ新しい「函淵《はこぶち》層群」である。ともに、白亜紀の海に堆積した地層だ。蝦夷層群は水深200メートルまでの「大陸棚」で堆積したもので、函淵層群はそれよりも浅い深度の海底にたまったものと見られている。函淵層群には場所によっては陸地でできた地層もある。

蝦夷層群と函淵層群は、アンモナイトの化石を含むとして世界的にもよく知られている。その産地は、北から稚内《わっかない》、中川、遠別《えんべつ》、羽幌《はぼろ》、古丹別《こたんべつ》、小平《おびら》、朱鞠内《しゅまりない》、添牛内《そえうしない》、幌加内《ほろかない》、芦別《あしべつ》、三笠、夕張、万字《まんじ》、穂別、浦河《うらかわ》といった地域に点在している。

筆者が大学・大学院時代に調査したのはこのうちの古丹別と夕張、穂別といった地域で、当時はアンモナイトとともに産出するイノセラムスという絶滅二枚貝の化石や、花粉の化石を調べていた。このとき、夕張（大夕張）地域の調査の拠点としていたのは三笠市の宿だった。

その宿は「宿」とはいっても普通の一軒家で、学生に極めて安価な値段で部屋を貸してくれていた。風呂はないけれども、洗濯機はあり、食事は自炊をするか近くの定食屋に食べに行く。風呂は銭湯まで車で片道15分ほどの距離を通った。

この宿には、蝦夷層群や函淵層群の地質や化石を調べるために、日本全国から学生が集まっていた。部屋には限りがあるので、混雑時には同じ大学のメンバーで部屋をシェアしたり、場合によっては居間に雑魚寝する。多くは男子学生ばかりだけれども、ごく希に女子学生が泊まる場合もある。そうしたときは、女子学生に優先的に個室が分けられる。学生たちは自分の研究に使う素材を集めるために数週間から数か月単位で滞在し、毎日朝早くから調査に出かけていくのである。

北海道の地質調査、化石調査には自家用車あるいはバイクの準備は必須であり、学生ながらみな自分の車やバイクで宿を出る。ときには片道一時間以上の時間をかけてフィールドにたどり着く。

国道や道道などの大きな道路沿いから調査を始められるフィールドはレアだ。多くは国道、あるいは道道から山中へとのびる未舗装の林道に入っていく。

ほとんどの林道は車1台分の幅しかなく、ガードレールもない。山の斜面に張り付くようにそんな道がのびることもある。大雨の次の日には、道端が崩れていることもあり、そうした場面に遭遇したときは車を一旦停めて下車。道の具合を確認する。

工事車両が林道を通ることも多い。トラックなどの大型車が、ちょっと怖いくらいのスピードで走っていることもある。そうした場合は、道幅が広くなっている場所でやりすごす。

しかし、ガードレールのない道である。道幅が広くなっている……と思ったら、そこには道がなかった、ということもある。実際のところ、筆者の後輩は、工事車両をやりすごそうとして林道から転落。脇を流れる川にまで車ごと落ちたことがある。もっとも、林道と川にはさほど高さの差はなく、また、本人がシートベルトをしっかりとしていたこともあって、大きなケガはしなかった（しかし、車は廃車となった）。

そんな道の先にあるフィールドで調査を行い、日が暮れて暗くなるかどうか、という時刻に宿に戻る。大学は違えども、同世代で同じ分野の研究をする者たちの集まりだ。夜にはビールを片手に、研究談義やその日の調査結果の報告に花が咲く。

ただし最優先で共有される情報は、化石に関するものではない。クマに関する情報である。

人里離れて山の中を歩き回る北海道のフィールドで、最も警戒すべきはヒグマの存在だ。ヒグマ。学名「*Ursus arctos*」。身長２メートル、体重３５０キログラムになる大型のクマだ。北アメリカ、ユーラシア北部に生息し、日本では北海道のみに暮らす。

ヒグマは積極的に人間を襲わないとされるけれども、なにしろ見通しの利かない森の中のことである。ふいの遭遇を避けるために、クマ鈴は必携だ。腰や背中に背負うリュックサックに結びつけて、歩くたびに、カラン、コロンと低い音を響かせる。

しかし実は、クマ鈴は気休め程度の時も少なくない。

地質調査や化石採集は、山の中の沢に添って歩くことが圧倒的に多い。なぜならば、山の中では、たいてい植物や土壌に覆われていて化石を含む地層が露出していない。しかし沢であれば、その水によって土壌などが削られている。地層が露出しているのだ。この沢を流れる水の音がクマ鈴の音をかき消してしまうことがある。そのため、学生たちはみなそれぞれの工夫を凝らした「クマ対策」の装備を持ち歩く。

筆者の所属していた研究室は、伝統的に爆竹を持ち歩くことになっていた。クマに遭ったときの装備ではなく、クマに遭わないために、定期的にその爆竹を鳴らし、人間がここにいることをアピールするのである。筆者は、ほかにも大ボリュームで携帯ラジオを鳴らし、また人間の臭いを振りまくために、タバコを吸っていた（いずれもどこまで効果があったかどうかは不明だが、調査中にヒグマに遭遇したことはなかった）。ちなみに、あまりほめられたことではないけれども、調査には一人で入ることが常だった。

そうした対策をしていても、やはりヒグマは怖い。調査日程に余裕がある場合は、クマの気配を感じただけで、その日の調査を中断して、帰宿することもある。

「クマの気配」とは、クマの糞であったり、足跡を発見したときだ。一人で山中を歩いていたときにそうしたものをみつけると、思わず背筋が寒くなる。車に戻るまで、一人で大声で歌を歌いながら道を急いだことも一度や二度ではない。

そういうわけで学生間では、まずクマの情報を共有する。次いで、化石などの情報だ。どの沢で、どういった種類の化石をみつけたとか、地層の露出状況はどうだったとか。アクセスするために車をどこに置いたなどの情報を共有する。

筆者は大学・大学院時代で、通算4カ月ほどこうした宿に滞在し、多くの他大学の学生と出会い、情報を交換した。

そうした情報の中で、「恐竜化石」の話題が出たことは一度もなかったし、それどころか「脊椎動物化石」の話題が出たこともなかった。

第3章　アンモナイト研究の〝聖地〟

誤解を恐れずに書いてしまえば、「北海道といえば、アンモナイト」「アンモナイトといえば、北海道」である。

北海道に分布する蝦夷層群と函淵層群は、アンモナイトの化石を多産することで世界的にも知られている。その化石は、北海道各地に点在する地元密着型の自然史系博物館をはじめ、東京・上野にある国立科学博物館などの日本各地の博物館でも見ることができる。北海道の三笠市には、「アンモナイトの博物館」の異名をとる博物館もある。

もしもあなたが、日本の博物館で形の整った綺麗なアンモナイトの化石をみつけたら、その産地に注目してみると良い。かなり高い確率で、その化石は北海道産のはずだ。

北海道から産するアンモナイト化石は、その大きさも形もさまざまだ。小さなものでは、指の先に乗るようなサイズの種もあるし、大きなものでは長径1メートル以上に達し、大人数人でようやく持ち上げることができるような巨大なものもある。

北海道のアンモナイトを国際的に有名にしている理由の一つは、「異常巻きアンモナイト」の存在だろう。

通常、「アンモナイト」といえば、平面に螺旋《らせん》状の渦を巻いているものを指すことが多い。

それはおそらく、「アンモナイト」と聞いて多くの人が想像する形である。「カタツムリの殻に似た」と表現しても良いかもしれない。こうしたアンモナイトを「正常巻き」という。

一方の「異常巻き」とは、平面螺旋状に渦を巻いていないアンモナイトを指す。例えば、棒のように直線状だったり、巻貝のように立体的だったりする。

ここで気をつけなければいけないのは、「異常」とは言っても、それはあくまでも形のことを指し

アンモナイト。アナゴードリセラス・コンプレッサム。
(Photo：むかわ町穂別博物館)

異常巻きアンモナイト。ニッポニテス。（三笠市立博物館所蔵。Photo：オフィス ジオパレオント）

ているだけだということだ。つまり、病的な意味や、遺伝的な意味は伴わない。それどころか、「異常巻き」という特定の分類群が存在するわけでもない。「平面螺旋状ではない」というだけのことである。

〝日本の化石〟という名のアンモナイト

ここで、そんな異常巻きアンモナイト（北海道産）を二つ紹介しておこう。本書のメインテーマは「恐竜」であるけれども、あなたが「化石」に興味をおもちなら、2種とも覚えておいて損はない。……もっとも、職業として古生物を生業としない限りは、「得をする」場面はあまり思いつかないけれども。……飲み会のときのネタの一つとして覚えておいてもよいかもしれない。

まずは何をおいても「ニッポニテス（***Nipponites***）」（38ページ参照）である。異常巻きアンモナイトの代表格だ。標本の長径は5〜6センチメートル。大人の拳の同等以下のサイズだが、ヘビが立体的に複雑にとぐろを巻いたような形をしているのである。「チューブをくちゃくちゃにまとめたような」とでも表現をすべきかもしれない。

「***Nipponites***」という属名は「日本の化石」という意味である。日本で発見され、命名された動植物の化石は数多くあるけれども、ここまで直接的な名前がついているのは、このアンモナイトだけ

異常巻きアンモナイト。ユーボストリコセラス。
（三笠市立博物館所蔵。Photo：オフィス ジオパレオント）

だ。本種は日本古生物学会のシンボルマークに使われている。
「立体的に複雑に」とか「くちゃくちゃにまとめた」と形容したけれども、実はこの形には規則性があり、数式で表現できることが明らかになっている。すなわち、一見、奇天烈に見えても、この形は理にかなっているのだ。

ついで、「ユーボストリコセラス（***Eubostrychoceras***）」（40ページ参照）にも触れておきたい。ユーボストリコセラスは、バネの中心をつかんでまっすぐ上にのばしたような形をしている。立体的に螺旋をえがきながら螺旋の径が下にいくほどに太くなっていくアンモナイトである。ユーボストリコセラスとニッポニテスは、見た目はかなり異なるものの、同じ産地から化石が産出し、実は祖先、子孫の関係にあるとみられている。

さて、ニッポニテスやユーボストリコセラスのような異常巻きアンモナイトを含め、ほとんどのアンモナイトの化石、いやそもそも蝦夷層群や函淵層群でみつかる化石の大半が、そのままの形でごろんと地層中に転がっているわけではない。

大抵の場合、「ノジュール」と呼ばれる球形やだ円形の岩の塊で覆われている。そのため、蝦夷層群や函淵層群で化石を探す場合は、地層が露出した場所（露頭）でノジュールを探すか、あるいは、そうした露頭から川の水などで運ばれてきて河原に残されたノジュールを探す（露頭から離れた場所にあるノジュールを「転石《てんせき》」と呼ぶ)。そして、そのノジュールを割って、化石をみつけるのである。ノジュールは大きなものでは自動車のタイヤほどのものもある一方で、小さなものでは手のひらに乗るサイズのものもある。

ノジュールは、宝箱のようなものだ。

多くの場合、開けてみて(割ってみて)みなければ、中に何が入っているのかわからない。ノジュールの中に化石が必ず入っているわけでもない。

だからこそ、ノジュールの中に化石が入っていたときには、アドレナリンがいっきに吹き出てくる。大きなノジュールの中に必ずしも大きな化石が入っているわけではない。それでも大きなノジュールには、大きな化石が入っているものと、無意識のうちに期待を寄せてしまう。

筆者は大学院時代の調査中に、ビーチボールよりも大きなサイズのノジュールを発見したことがある。その日はたまたま研究室の指導教官が後輩を2人連れて筆者のフィールドにやってきていた。合計4人。大きなノジュールをみつけるや否や教官を含めた4人とも妙なスイッチが入ってしまい、やたらとハイテンションで掘り出して、重いノジュールをなんとか車まで運び込んだ。

後日、筆者は博物館にそのノジュールを持ちこんで、そこで大型のハンマーを借りて、四苦八苦しながらそのノジュールを割ることに成功した。

しかし中身は空だった。

あのときの興奮と失望は今でも覚えている。

蝦夷層群や函淵層群の多くの地層は、沖合に堆積した泥でできている。「泥」とはいっても、数千年をこえる歳月の中で、地殻変動などの影響を受けてカチコチに固まって、「頁岩《けつがん》」と呼ばれる岩石になっている。産地によって多少の硬さのちがいはあるものの、蝦夷層群や函淵層群の頁岩はかなり硬い。

「化石の発掘」と聞くと、刷毛などで泥や砂をよけるという「発掘シーン」を思い浮かべる方もいるかもしれない。しかし、蝦夷層群や函淵層群でノジュールや化石を採集する光景にはこれは当たらない。蝦夷層群や函淵層群では、ツルハシやハンマーを振りかぶって、頁岩を掘り込んでいくのだ。しかも、ツルハシやハンマーでさえ、しだいに角がとれて丸くなるほどに、この地層は硬いのである。

硬い地層を掘り起こしてようやく手に入れたノジュールは、慣れた人がハンマーでうまくたたけば、ひとたたきで綺麗に割れて、内部に閉じ込められている化石が顔を出す。ただし、慣れない人間がいくらたたいても、ハンマーは跳ね返されるだけである。いわゆる「コツ」が必要とされる作業だ。

ノジュールを割っておおよその化石の種類を特定したら、標本番号をつけて新聞紙などで包装し、リュックサックにいれる。そして、手元の地図の発見ポイントに、その標本番号を記す。

この地図も大抵の場合は、自家製だ。市販されている2万5000分の1の地形図では、地図上の1センチメートルが実際の250メートルに相当する。正直なところ、この精度では研究には使えない。そこで、5000分の1の地図を自作するのだ。5000分の1であれば、地図上の1センチメートルは50メートルなので、研究に耐えるものとなる。自作には、方位磁石に類似した道具と歩測を用いる。

歩測とは、文字通り、自分で何歩進んだかをカウントし、それを距離に変換する方法である。地質系の学生は、フィールド調査に出る前に一定の歩測で歩くこと、方位磁石を片手に地図をつくることの訓練を積む。こうした地図を「ルートマップ」と呼び、そのルートマップには、地質情報や産出化石の情報も記入される。

岩石自体は宿や大学で、タガネとハンマーを使って、クリーニングといわれる、より精細なノジュールの除去作業にはいる。正常巻きアンモナイトや、筆者の研究対象だったイノセラムスという二枚貝であれば、そうしたクリーニング作業は比較的簡単だ。

しかし、ニッポニテスやユーボストリコセラスの場合は、かなりの熟練技を必要とする。アンモナイト研究者に話を聞くと、ノジュールから掘り出しながら意図的に化石を分解し、化石のまわりのノジュールを取り出し終わった後に接着剤でそれを組み立てるそうだ。

アンモナイト研究者にとって、北海道フィールドは「聖地」といっても良いだろう。筆者はアンモナイトそのものを研究していたわけではないけれども、それでもアンモナイト化石の産出データは研究に取り入れたものだし、何よりもアンモナイトをみつけるとワクワクしたものだ。

アンモナイト研究者とフィールドで数週間にわたって同宿ですごしていると、宿の倉庫にはアンモナイト研究者がみつけてきたノジュールがはいった段ボールが、山のように積み重なっていくようすを見ることになる。その多くは、宅急便で大学に送り、あとは大学で個々人の研究にあわせて、クリーニングされ、ときにレプリカがつくられたり、細部まで分解されたりして、アンモナイトという生物の研究に使われる。

第4章

アンモナイトに惹かれて穂別で暮らす——西村智弘 その1

発掘を地質学的にサポートした西村智弘さん。筆者と同年代の研究者であり、しかも筆者と同じ埼玉県の出身である。アンモナイトの研究に打ち込む一方で、博物館の「ゆるキャラ」をデザインするというお茶目な一面ももつ。穂別博物館学芸員。

日本の古生物学界には、アンモナイトの研究を専門とする研究者が多い。筆者の友人にいるし、知人にもいるし、これまでに取材先として知り合った研究者も少なくない。そのほとんどが、北海道へ地質調査・化石採集に訪れた経験をもつ。

前述の通り、「北海道といえば、アンモナイト」「アンモナイトといえば北海道」である。

むかわ町立穂別博物館で働く西村智弘もそんな研究者の一人だ。

西村は、埼玉県狭山市で生まれ育った。

埼玉県のほとんどの地域では、化石は産しない。いわゆる「関東ローム層」と呼ばれる火山灰層で覆われていることもある。多くの地域が住宅地として整地されているか、あるいは田畑として開拓されているという事情もある。

そもそも埼玉県には自然が少ないのだ。

埼玉県のほとんどの地域では化石は産しない。しかし、自然が多く残る県西部（秩父地方など）では、アンモナイトやサメの歯の化石などの報告がある。西村の育った狭山市は、そうした県西部の南寄りにある丘陵地帯に位置している。

西村が化石に興味をもったのは、幼い頃から動物園に連れられていったことが背景にある。

そして、5歳のときに新宿で開催されていた恐竜展を訪ねた。その恐竜展で、始祖鳥の標本と巨大な恐竜骨格に出会う。その大きさに圧倒されつつも、それよりも恐竜の骨の実物に触ることができたことが、少年だった西村の記憶に刻まれた。

狭山市の自宅から、自転車で30～40分ほど行った場所で植物の化石を採ることができた。小学校の高学年になると、そこによく通っては、植物の化石を採集していた。「手元に残る化石を自分の手で採集すること」を好むようになり、恐竜に対する興味は薄れていった。

そんな西村が北海道のアンモナイトに初めてふれたのは、中学生の頃だ。

綺麗だ。

心のぐっと深いところに、その美しさが入ってきた。

自分でもそんなアンモナイトを採ってみたくなった。

しかし当時は知識のみで、実際に北海道まで足を運ぶことはなかった。埼玉県で暮らす西村にとって、北海道に行く機会はなかったし、仮に北海道に行けたとしても、どのような場所でどのようにすれば化石を採集できるのか、ということが全くわからなかった。

大学は「近いから」という理由で、静岡大学へ。当時も今も、埼玉県内に本格的に化石を学ぶことのできる大学はない。また、西村が大学進学を考えていた90年代半ばは、インターネット黎明期だ。化石を学ぶことができる大学の情報を集めることもなかなかできなかった。

そこで「近いから」という理由で静岡大学の資料を取り寄せたところ、化石を学ぶことのできる教室があることを知った。そのまま、受験・進学する。

現在の学生諸君にはピンと来ないかもしれない。90年代の高校生の多くにとって、入手できる情報は限定的だった。ホームページを開設している研究室はほとんど存在せず、そもそもインターネットにつながるパソコン環境があることも珍しかった。必然的に進学情報は、その大学が発行しているパンフレットに頼ることになる。進学情報誌には、そこそこの情報が掲載されていたけれども、化石を研究する地学系という〝マイナーな分野〟の情報は少なかった。

幸いにして、西村は静岡大学の卒業論文で念願の北海道のアンモナイトを研究テーマにすることができた。しかし大学院への進学を考えたとき、指導教官に他大学へ移るように促される。京都大学大学院（当時）の前田晴良を紹介された。

「君は化石が好きだろ。それならば、京都へ行くべきだ」

前田は、アンモナイトの研究者としてよく知られている（本書執筆時点では、九州大学に研究室を移している）。多くの学生がその研究室である通称「アンモ・ゼミ」に所属し、出身者もさまざまな場所で活躍する。

京都大学大学院のアンモ・ゼミに籍を移した西村は、「とにかく歩く」ことで「たくさんの地質データや化石標本を採集する」という研究を進めることになった。

毎年、夏になると北海道に渡り、宿泊費の安い宿に長期滞在しながら、道内のさまざまな場所を調査した。メインとなる調査地は、北海道北西部の小平町。白亜紀の海の地層が時代を連続して露出しており、アンモナイトの進化を研究するには格好の場所だった。

小平を中心に道内各地の白亜紀の海の地層を調べ、穂別町（現在のむかわ町穂別）も何度か訪ねた。

蝦夷層群や函淵層群の化石を求めて、夏になると全国から研究者や学生が北海道に集まってくる。ときには海外から研究者がやってくることもある。とくに学生が長期滞在をすることが可能な安い宿は限られており、しばしば複数の大学の学生が同じ宿に宿泊することになる。

まったく初見の学生であっても、そこは化石を研究テーマとして集まった「仲間」である。夜は、ビールを片手に情報交換会が行われることも少なくない。自分の研究テーマや、その日に歩いたフィールドなどの情報を互いに語りあうわけである。北海道を移動しながら調査していた西村は、いくつかの場所でそうした学生に出会った。

学生たちの研究テーマはさまざまだ。

特定のアンモナイトを詳しく調べたり、地域全体の化石の傾向を調べたり。アンモナイトとともに産出する貝の化石をテーマとすることもあれば、肉眼では見ることのできない顕微鏡サイズの化石をテーマとすることもある。地質そのものを研究している場合もある。そんな多種多様なテーマを研究する学生たちの中でも、恐竜類の化石は話題にもならなかったし、そもそも脊椎動物を研究テーマとしている学生自体が少なかった。

恐竜に関わることはないだろう

西村と筆者は、同じ世代である（但し、同じ北海道をフィールドとしながらも、当時は会うことがなかった）。西村がそうであり、筆者がそうであるように、私たちの世代の古生物学関係者は幼少期に大なり小なり恐竜の影響を受け、進路を選択している。

なにしろ、幼い頃にはかの名作アニメ映画『ドラえもん　のび太の恐竜』が公開されている。直接、その映画を映画館で見ていなくても、テレビで繰り返し再放送されていたものを見ている。同じドラえもんの映画シリーズでは、『ドラえもん　のび太と竜の騎士』も公開された。そして、中学生という多感な時期には『ジュラシック・パーク』の第1作が公開された。『Newton』をはじめとする科学雑誌でも頻繁に恐竜特集が組まれた。

恐竜の情報がいっきに日常に降ってきた。90年代は、そんな時代だったのだ。しかし当時、日本では恐竜化石はみつからない、といわれていた。海外へ行きたくても、金銭的な面は別としても、その方法が皆目見当がつかない。そんな時代でもある。

結果として、〝現実的な研究テーマ〟であるアンモナイトなどの無脊椎動物を多くの学生が選択していた。そして、その面白さに魅せられていく。恐竜だけが古生物ではない。恐竜を突破口にして、古生物全般に興味が広がっていくのである。

２００８年7月。西村はアンモナイトの研究で京都大学大学院の博士号を取得した。

しかし、職はなかった。

古生物学は、博士号を取得したからといって、その後すぐに職につけるという世界ではない。もっとも、それは多くの分野の博士号所持者にいえることで、日本という国の問題点となっている。

職につけなかった西村は、大学に残って研究をつづけていた。そして数カ月後、穂別博物館で嘱託の「普及員」を募集していることを知った。

普及員とは、その名の通り博物館活動の普及を活動の主軸とする仕事である。教材の開発や、展示企画、体験活動などを企画していく。学芸員と大きく異なる点は、研究活動を含まないことだ。また、博物館の運営や予算編成などにもタッチしない。一般的には、小中学校を定年退職した教師などが務める例が多く、率直にいえば、収入は決して多くはない。

仕事としての研究はできない。

「それでも、穂別博物館に勤めて、穂別に住めば、アンモナイトのフィールドが近いことにちがいはない」

西村は、普及員の公募に応募した。

西村を惹きつけたのは、穂別に分布する函淵層群だった。

穂別の函淵層群は、調査があまり進んでいなかった。つまり、研究のテーマとなる〝素材〟がたくさんあったのだ。

京都で暮らし、大学で研究をしつづけても、研究素材であるアンモナイトを採集するために北海

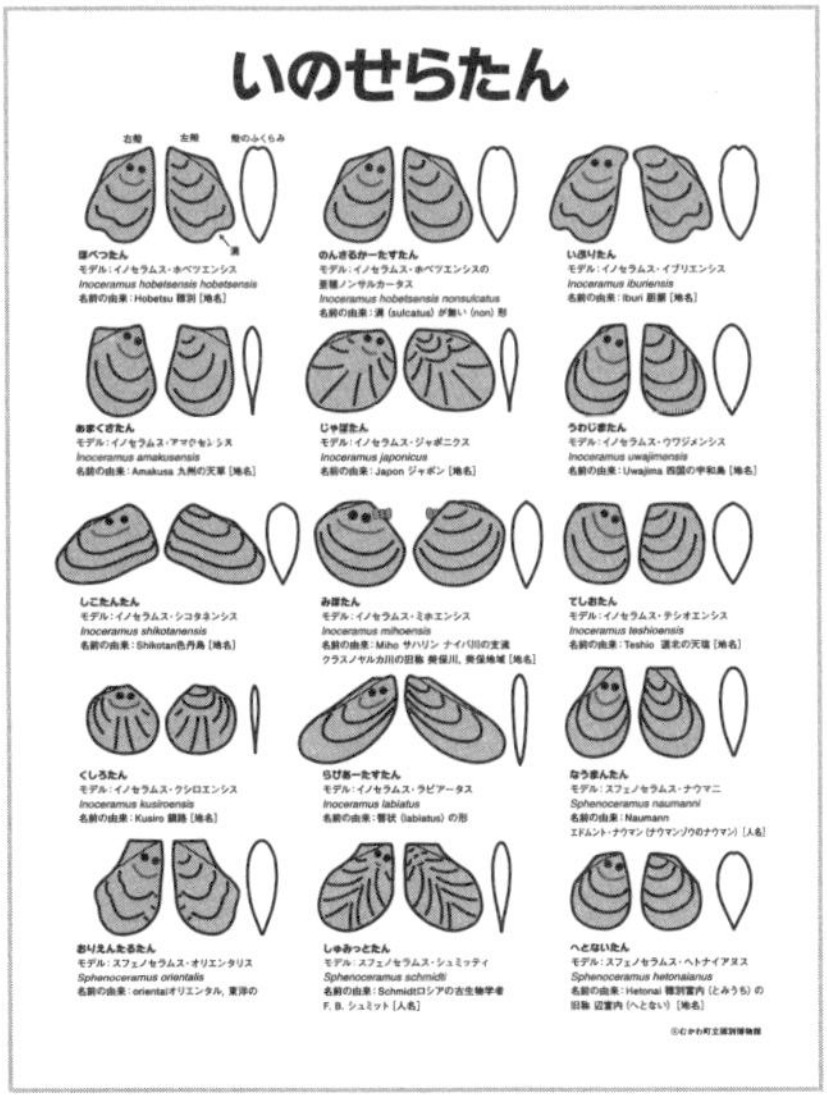

西村が考案したキャラクター、「いのせらたん」各種。化石の特徴を端的にとらえている。
（Photo：むかわ町穂別博物館）

道に渡るには、時間も資金も必要だ。それに比べて、穂別で暮らし、穂別で働けば、博物館の活動としてではなくても、休日に函淵層群の調査に出かけることができる。

そこで、採集したアンモナイトを使って、自分の研究を自分で進めることもできる。そう、考えた。博士号をもつ専門家として博物館の活動に関わることができれば、これまでとはちがった普及活動ができるだろう。そう考えもした。

2009年4月。穂別博物館に勤めはじめた西村の日常業務は、月例通信の「ほっぴー便り」の制作と、イベントの企画だった。

2011年に、絶滅した大型の二枚貝「イノセラムス（*Inoceramus*）」の特別展を企画した。このとき、何気なくイノセラムスの図面を描いていて、ゆるキャラの「いのせらたん」を生みだした。一口に「イノセラムス」といっても、形が少しずつ異なる種がいくつもある。いのせらたんは、そうしたちがいにあわせて多数制作し、今では穂別博物館の名物キャラクターとなっている。

空いた時間をみつけて進めてきた研究はアンモナイト類が中心だ。しかし、海棲爬虫類の化石をみつけたこともある。西村がみつけた海棲爬虫類の化石は、モササウルス類というトカゲの仲間のものだった。のちにこの化石はモササウルス類の新種であることがわかり、世界屈指の標本として発表されることになる。

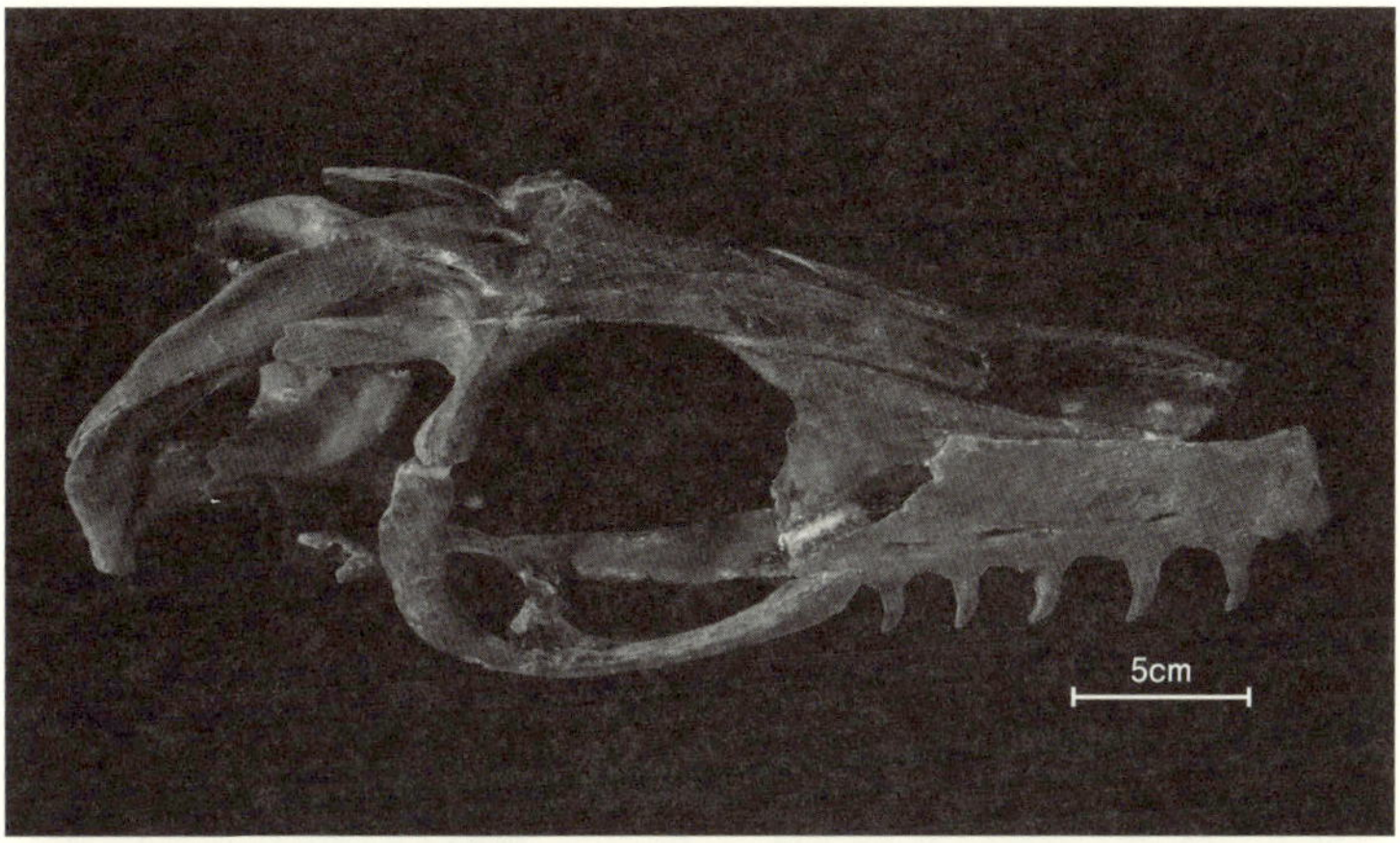

新種とわかったモササウルス類、フォスフォロサウルスの復元頭骨と復元図。
（上：むかわ町穂別博物館　下：新村龍也〈足寄動物化石博物館〉）

西村が穂別博物館で働きはじめた２００９年。

北海道大学総合博物館で恐竜を研究している小林快次が、海外の研究者を伴って穂別博物館を訪ねてきた。北海道内の博物館を案内しているという。

「こんにちは」

ただそれだけ。研究者としては、一生交わらない人物だな。それが、小林に対する第一印象だ。

小林の専門は恐竜を中心とする陸上脊椎動物だ。海の無脊椎動物であるアンモナイトを専門とする西村との接点はないものと思われた。実際、二人はその後でも学会で挨拶以上の会話をすることさえなかった。

この時点で、収蔵庫で眠る〝堀田標本〟は、誰も気にかけていなかった。

第5章

はじめに「地質」ありき

「地質」は、すべての化石調査の根幹データの一つだ。

化石は地層に埋もれている。だから、化石探しはまずは地層を知ることから始まる。

日本では、地層の大部分は土壌で覆われている。しかし、河川などの水の流れがある場所や、崖などでは土壌が削られて、地層そのものが露出している。こうした場所は「露頭」と呼ばれる。

化石採集はもとより、地質調査も、基本はこうした露頭を調査していくことになる。

露頭がない場所や地中深くの地質を調べる場合には、「トレンチ」と呼ばれる溝を掘ってその断面を調べたり、筒を地中に打ち込んで試料を採取したりする（これを「ボーリング」という）。

そもそも地層は、砂や泥がたまって（堆積して）つくられる。蝦夷層群や函淵層群のような地層は、沖合まで運ばれた砂や泥が堆積してできる。基本的に泥よりも砂、砂よりも石（これを「礫《れき》」という）の方が大きくて重いため、陸の近くで堆積する。泥などのような粒子のサイズが小さなものは遠くへと運ばれて、より沖合で堆積する。

粒子は、大抵においては非常に広い面積に拡散して堆積していくので、〝仕上がった地層〟は、おおむね一枚の板のような構造になる。地上の露頭で見ることができるのは、この板の一部である。地下にはその〝板〟の大部分が眠っている。

高校や大学で地質学を学ぶと、最初に訓練を受けるのが、この板の読み取り方だ。露頭に見える一部から、その板、つまり地層全体が、どの方向に、どのように広がっているのかを推測する。地質学の初歩であり、基本であり、最も重要な技術であるといっても良いだろう。ちなみに、地層の広がる方向のことを「走向」と呼び、傾きのことを「傾斜」と呼ぶ。

日本のように地殻変動の激しい場所では、地層はかならずしもまっすぐに同じ方向だけに広がっているわけではない。曲がったり、断層でずれていたり、実に複雑な板となっている。そうした複雑な構造を、露頭の調査から推測していくのである。

もちろん、それは1カ所の露頭だけからわかることではない。推理小説でたくさんの手がかりから犯人を特定していくのと同じように、地質調査においても可能な限り多数の露頭を調べ、そのデータをつなぎあわせて、地域全体の地層を推理するのだ。これが「地質調査」であり、この調査の結果としてつくられるのが「地質図」である。

プロはどこを見て、何を知るのか

アンモナイトにしろ、恐竜にしろ、化石を地層から掘り出す前に、その地質を知ることで見えてくることは多い。

まず、その化石が化石となる直前、すなわち〝死にたての死体〟だったときに、その死体が横たわっていた場所はどのような環境だったのかがわかる。砂であれば陸地に近く、泥であればより沖合だ。地質学者は、さらに多くの環境情報を読み取る。波が強い場所だったのか、水中の酸素は豊富だったのか。そうしたことも地質の調査からわかる。

また、化石となった生物の中には、種としてごく短い期間しか生存していなかったものもいる。そうした「短期間で滅んだ生物の化石」がみつかるということは、その地層がいつ堆積したのかを知る重要な手がかりとなる。

こうした「時代を決める」ことのできる化石のことを「示準化石」という。

示準化石の条件は、「短期間で滅んだ生物の化石」であることのほかにもう一つある。それは、「広い分布（生息）範囲をもつ」ことだ。世界各地の地層を同じ示準化石で比較できれば、さまざまな検証を進めることができる。

すなわち、「短期間で滅んだ生物の化石」と「広い分布範囲をもつ」の2条件を兼ね備えていることが、示準化石としては、理想的な〝性能〟ということになる。

アンモナイトやイノセラムスの仲間には、こうした示準化石が多い。さらに、顕微鏡レベルで確認できる小さな化石（微化石）にも示準化石が多い。蝦夷層群と函淵層群は、そのいずれの化石も多産する。すなわち、北海道の白亜紀の地質は、「いつ堆積したのか」という情報が得やすいのだ。しかも、その時代を決める精度たるや、世界中の白亜紀の地層の中でも、トップクラスである。

「いつ堆積したのか」がわかり、それを時代順に並べていけば、生命の進化を追うことができる。世界中の「いつ堆積したのか」がわかっている地層と比較することで、地球単位で生命の進化を比較して語ることもできるわけだ。

蝦夷層群や函淵層群の化石が世界的にも注目されている理由の一つが、ここにある。

もしもフィールドであなたが化石を発見したら、その発見の興奮そのままに掘り起こし、採集し、持ち帰る、というのは避けて頂きたい。

まずは、地図に発見地点のポイントを落とす。検証のためや、追加の調査・発掘のために再び訪ねることを可能とするためだ。その地図は縮尺が小さなものであれば小さなものであるほど良い。

そして、露頭の状況を記録する。写真を撮影し（何かスケールとなるものを一緒に撮影したい）、できれば、露頭の様子をスケッチする。

　写真は情報過多だ。観察点を絞り込みにくいし、その場でメモ書きをすることはできない。スケッチで要点をおさえることは、とても大切なことだ。そのうえで、もしもあなたが、地質調査の技術をもっているのであれば、地層の走向と傾斜を記録しておきたい。もしも、そうした技術がなくても、その他の記録がしっかりと残されていれば、のちに地質学者が調査することが可能となる。

　そうした記録をした上で、化石、もしくはノジュールを採集する。採集は慎重に。採集した化石やノジュールがどのような状態で地層に埋め込まれていたのか。そうした情報も記録したい。化石やノジュールそのものに「こちらが上」などのメモ書きをすることもおすすめだ。そうすることで、死んだときの姿勢だって復元できるかもしれない。多くのデータが集まったとき、例えば、みんな同じ姿勢で死んでいれば、そこに何か理由があるはずだ、となる。その理由を解き明かす新たな推理が始まるわけだ。

　こうした周辺情報が科学的な研究を支えているのである。

第6章

穂別。白亜紀生物の化石産地

北海道の〝海の玄関口〟の一つ、苫小牧。八戸港（青森県）、仙台港（宮城県）、名古屋港（愛知県）、大洗港（茨城県）、新潟港（新潟県）、秋田港（秋田県）、敦賀港（福井県）を結ぶフェリーターミナルを有する都市である。札幌から車で南南東に進むこと1時間半の距離にあり、太平洋に面している。

苫小牧から太平洋沿いに東進し、車で1時間弱のところにあるのが「むかわ町」だ。北および東西の方角から海岸線近くまで日高山脈外縁部の裾野がのび、町の面積は711・36平方キロメー

むかわ町の位置。札幌からは約1時間半の距離にある。

トルになる。北海道の自治体としてはけっして広いとはいえないかもしれないが、実はこの面積は東京都の23区をすべて足した面積よりも一回り広い。

町は南西から北東に向かってのびる細長い形をしている。その中心部を縦走しているのが、鵡川《むかわ》だ。本書の舞台である「穂別」は、その鵡川の上流域、山間部にある。

古くから穂別においてはアンモナイトの研究が行われてきた。今から１００年以上前の１９０３年、すでに穂別産の標本にもとづいた新種が報告されている。

１９０３年といえば、ロシアと日本の緊張が日ごとに高まり、いよいよ日露戦争開戦が待ったナシの時期であり、アメリカにおいてはライト兄弟が初飛行に成功した年でもある。古生物学に着目すると、この時期にはまだかの有名な肉食恐竜「ティラノサウルス（***Tyrannosaurus***）」は報告されていなかった。ヒーローともいえるこの恐竜の化石が報告されたのは、その2年後のことである。

そんな時代から、穂別のアンモナイトは注目されてきた。

函淵層群と蝦夷層群が分布するこの地域からは、とにかくまずアンモナイトが多産する。

直径が1メートルをこえる大型アンモナイト「パキデスモセラス・パキディスコイデ（***Pachydesmoceras pachydiscoide***）」をはじめ、細かな肋《ろく》が美しい「ゴードリセラス・ホベツエンゼ（***Gaudryceras hobetsense***）」、殻がスレンダーな「アナゴードリセラス・コンプレッサム（***Anagaudryceras***

大型アンモナイト（手前がパキデスモセラス）。　（Photo：むかわ町穂別博物館）

異常巻きアンモナイト、フィロプチコセラス。

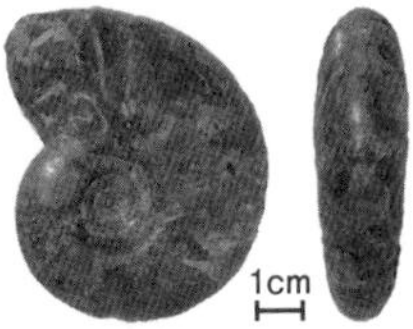

アナゴードリセラス。

ゴードリセラス。

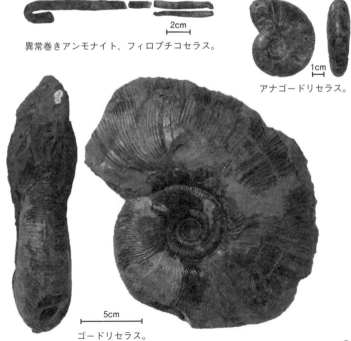

compressum)」などの正常巻きアンモナイトの他、殻がU字ターンを繰り返す「フィロプチコセラス・ホリタイ（***Phylloptychoceras horitai***）」なども知られている。

ちなみに、ゴードリセラス以下の3種は、穂別博物館の学芸員である西村智弘が外部の研究者と組んで2014年に報告した新種だ。

そして、「北海道といえばアンモナイト」「アンモナイトといえば北海道」だけれども、アンモナイト以外の化石も多産するのが穂別の特徴である。

例えば無脊椎動物では、殻のサイズが60センチメートルに達する巨大な絶滅二枚貝の化石がみつかる。「イノセラムス・ホベツエンシス（***Inoceramus hobetsensis***）」に代表されるイノセラムス類だ。

イノセラムス・ホベツエンシス。
（Photo：むかわ町穂別博物館）

もちろん「ホベツエンシス」の「ホベツ」とは「穂別」のことである。1933年に北海道帝国大学（当時）の学生が卒業論文の研究で発見し、最初に名づけたと伝えられる。その後、1939年に正式に特徴がまとめられ、この名前が認められた。

「二枚貝」といえば、みそ汁の具材であるアサリやシジミの仲間だが、なにしろイノセラムス・ホベツエンシスは、60センチメートルの大物だ。まるで座布団のようなサイズである。もっとも座布団ほど座り心地は良くないだろうけれども（硬いし、肋もある）。

穂別産のイノセラムスは他にも多数報告されており、その中の10種ほどは、穂別産の標本にもとづいて新種として報告された。

その他にも、ウニの化石やウミユリの化石、スナモグリの化石などが報告されている。

アンモナイトの横でホッピーが泳ぐ

無脊椎動物ばかりではない。脊椎動物では、クビナガリュウ類の化石がまず知られている。

クビナガリュウ類は、小さな頭に長い首、樽を潰したような胴体に鰭《ひれ》となった四肢をもつ動物で知られている。日本では、福島県で１９６８年に発見された「フタバスズキリュウ」がよく知られているだろう。

フタバスズキリュウは、国民的アニメ映画『ドラえもん のび太の恐竜』で「ピー助」の名前をもつ愛らしいクビナガリュウ類として描かれ、そして、２００６年には「フタバサウルス・スズキイ（***Futabasaurus suzukii***）」として学名もついた（この映画を知らない方は、ぜひ、一度ご覧頂きたい。１９８０年に公開されたオリジナル版も、２００６年のリメイク版もともにおすすめだ）。

ホベツアラキリュウの全身復元骨格。
(Photo：むかわ町穂別博物館)

穂別で発見されているクビナガリュウ類の化石の中で、最も知名度が高いのは「ホベツアラキリュウ」の化石である。「ホッピー」の愛称でも知られ、胴体の大部分と前後のヒレなどが採集されている。保存の良いクビナガリュウ類の化石としては、フタバサウルス・スズキイに次いで発見された国内2例目の標本であり、フタバサウルス・スズキイと同じエラスモサウルス類というグループに属する。

ホッピーの推定全長はフタバサウルス・スズキイを1メートル上回る8メートルという数値が算出されている。穂別博物館の入口ホールには、その勇ましい全身復元骨格がそびえ立つ。

そもそも穂別博物館は、この標本の発見を契機として建設された博物館である。ホッピーは、学名こそ決まっていないものの、90個以上のノジュールから骨が採集されており、クリーニング作業には3年半の歳月が費やされた。ちなみに、「ホベツアラキリュウ」の「アラキ」は、1975年にこの標本を発見した荒木新太郎の名にちなむ。この標本の特徴を記載した論文は、香川大学（当時。現・鹿児島大学）の仲谷英夫によって、1989年に発表された。この論文は、日本国内で発見されたクビナガリュウ類の記載論文としては、初めてのものである。

「白亜紀の海の王者」として知られるモササウルス類の化石も穂別から産している。

モササウルス類は、「海のオオトカゲ」とよく形容される。たしかに、その風貌はトカゲに似ている。ただし、四肢はヒレ状になり、尾の先にもヒレがある。「オオ」トカゲという言葉が示唆するように、

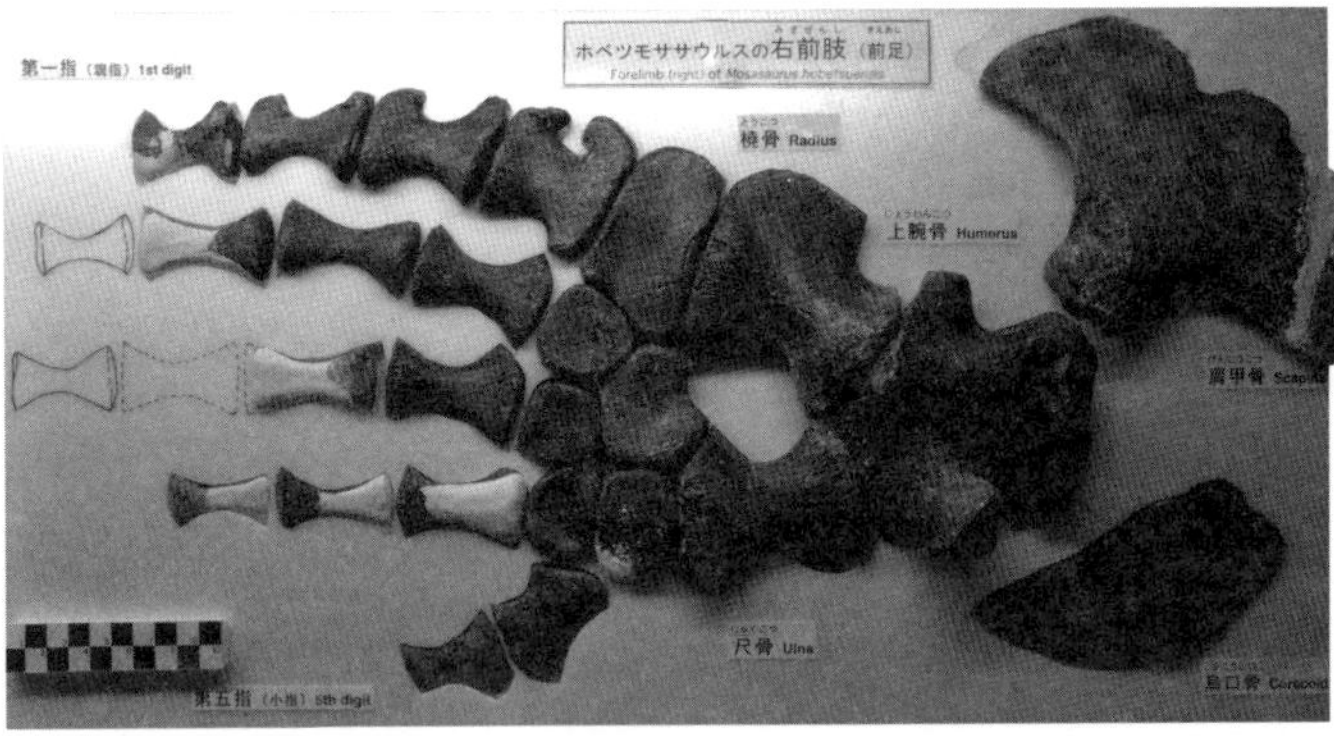

モササウルス・ホベツエンシス右前ヒレ。　（Photo：むかわ町穂別博物館）

大型種では全長15メートルをこえる。２０１５年に公開された映画『ジュラシック・ワールド』で「ジュラシック・パーク」シリーズにデビューした（こちらもおすすめのシリーズだ）。

モササウルス類の化石は世界でみつかり、日本でも4種類の新種が本種執筆時点で報告されている。そのすべてが北海道産で、うち3種が穂別産である。穂別は日本のモササウルス類研究の「中心地」というべきかもしれない。

3種のそれぞれの名前は「モササウルス・ホベツエンシス（***Mosasaurus hobetsensis***）」「モササウルス・プリズマティクス（***Mosasaurus prismaticus***）」「フォスフォロサウルス・ポンペテレガンス（***Phosphorosaurus ponpetelegans***）」という。

このうち、推定全長が最大となるのは、モササウルス・ホベツエンシスで、その値は5・5メートルとされている。世界クラスの大型種にはおよばない値だけれども、このサイズは現在のセダンタイプの自動車とほぼ等しい。日本国内で発

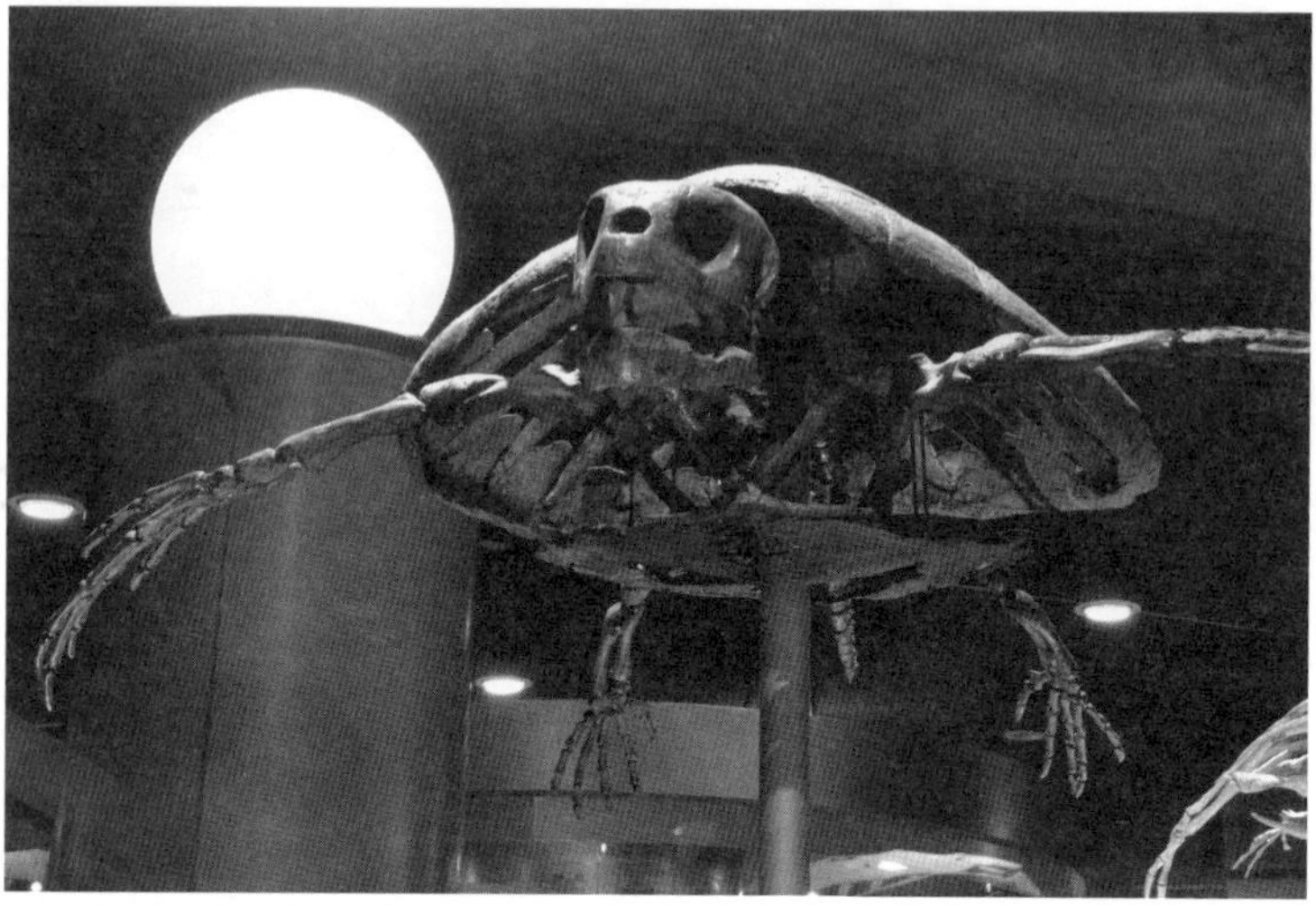

メソダーモケリスの全身復元骨格。（Photo：むかわ町穂別博物館）

見されて、初めて学名をつけられたモササウルス類である。

カメの新種の化石もみつかっている。「メソダーモケリス・ウンデュラータス（***Mesodermochelys undulatus***）」と「アノマロケリス・アングラータ（***Anomalochelys anglata***）」だ。

アノマロケリスの背甲。
（Photo：むかわ町穂別博物館）

メソダーモケリスは、現在のオサガメの仲間だ。オサガメは、現生のカメ類では最大のカメで、大きなものでは甲長が1・9メートルになる。メソダーモケリスは、日本全国から複数の標本が発見されており、その中には推定全長が2メートル近いものもあるとされる（「甲長」ではないので、仮に2メートルであったとしても、現生オサガメの方が少し大きい）。穂別は、その国内最大の産地である。発見者の名前をとって「イシザキムカシオサガメ」という和名もある。

アノマロケリスは、現生のスッポンの仲間とされるが、リクガメのように陸上を歩いていたと考えられている。甲羅の前端部左右がまるでツノのように突出しているというちょっと変わった風貌の持ち主である。推定全長は1メートルとされており、私たちがよく見るニホンスッポンの3倍の大きさのもち主である。発見者の名前をとって「ホベツアベツノガメ」という和名もある。なお、「奇妙なカメ」を意味するアノマロ「ケリス（***chelys***）」であることがポイントである。5億年前のカナダや中国にいた節足動物のアノマロ「カリス（***caris***）」とは全く関係がない（アノマロカリスは「奇妙なエビ」の意）。一応、念のため。

穂別はかつて、豊かな海だった。

海底には巨大な二枚貝が生息し、アンモナイトが浮かび、クビナガリュウ類とモサウルス類、カメが泳ぐ。そんな海だ。

地質時代の中の恐竜時代

地球の年齢は約46億歳といわれている。

約46億年前、太陽系に散らばっていた無数の小天体が合体を繰り返し、私たちの星は生まれた。ちなみに、この「46億年前」という数字は、太陽の年齢や、太陽系の他の天体とほぼ同じである。すなわち、〝天文学的な視点〟でいえば、太陽系の天体は、ほぼ同時期につくられたことになる。

そんな地球にいつから生命がいたのかははっきりしていない。

今から約38億年前にできた地層からは、生命によってしかつくられないと見られる〝化学成分〟が発見されている。また、約35億年前にできた地層からは、「最古の生命の化石」がみつかっている。どうやら遅くても約35億年前には、地球に生命は存在したらしい。

ただし、当時の生命はとても小さくて、顕微鏡でやっと見ることのできるサイズだった。その後、長い年月をかけて生命はゆっくりと進化してきた。手のひらサイズ以上の生命が出現するのは、約6億年前になってからのことである。

ただし、この生物の化石には、眼もなければ、歯もない。口はあったかもしれないが、はっきりとした痕跡は確認されていない。足もないし、手もないし、鰭もない。多くは、左右対称性さえもちあわせていなかった。

そんなヘンテコな生物が数千万年間栄えたのち、約5億4100万年前を少しすぎたころから、現生生物の祖先と思われるものたちが化石に残るようになった。

地球科学者たちは、この記念すべき5億4100万年前から現在に至るまでの期間を「顕生累代《けんせいるいだい》」と呼んでいる。「生命が顕《あら》われる時代」という意味である。すなわち、生命の化石がそれまでよりもぐっとみつかりやすくなる。

顕生累代には、三つの「代」と、12の「紀」が設定された。

三つの「代」とは、「古生代」「中生代」「新生代」である。

古生代は、約5億4100万年前から約2億5200万年前までの2億8900万年間を指し、六つの紀に分割される。

中生代は、約2億5200万年前から約6600万年前までの1億8600万年間である。この期間は三つの紀に分割される。

新生代は、約6600万年前から現在までの6600万年間で、中生代と同じく三つの紀に分割されている。

誤解を恐れずに、極めてざっくりと三つの「代」を代表する脊椎動物について書いてしまえば、古生代は「魚類と両生類」、中生代は「爬虫類」、新生代は「哺乳類」だ（実際には、もう少し複雑である。念のため）。

本書のテーマである「恐竜」は、中生代に生きていた爬虫類の中の一グループである（ただし、のちの本文で説明するが、鳥類は恐竜類の1グループなので、恐竜類そのものは中生代末には完全には絶滅していない）。

中生代を分ける三つの「紀」は、古い方から「三畳紀」「ジュラ紀」「白亜紀」である。三畳紀は約2億5200万年前から約2億1100万年前までの5100万年間、ジュラ紀は約2億100万年前から約１億４５００万年前までの５６００万年間、白亜紀は１億４５００万年前から６６００万年前までの約７９００万年間を指す。

恐竜類は、三畳紀の後期にあたる約２億３０００万年前に出現した。ただし、三畳紀の間は、のちの時代ほどの栄光を手にすることはできず、哺乳類の祖先を含む単弓類《たんきゅうるい》たちや、ワニ類の祖先を含むクルロタルシ類というグループとともに三つ巴の覇権争いをしていた。

ジュラ紀になると、恐竜類はとくに内陸の支配者としての地位を確立し、その後、実に１億年以上にわたって繁栄した。これまでに知られている恐竜類の種の数は１０００種をこえるといわれており、しかもその数は毎年増え続けている。

空前の繁栄をみせた恐竜類は、白亜紀末にその一グループである鳥類を残して絶滅した。

恐竜類の化石を探す場合は、中生代の地層を探すことになる。これまでに三畳紀の地層よりもジュラ紀の地層、ジュラ紀の地層よりも白亜紀の地層からの方が発見例が多い。ただし、これは、時代が進むほど恐竜の種数が多くなっていったと結論づけられるものではない。そもそも地層自体が時代が新しくなるにつれて多くなる傾向にあるのだ。化石は地層から発見される以上、地層の数が多い白亜紀の恐竜類の数が最も多くなるのは、ある意味、自然なことともいえる。

北海道の博物館

北海道は自然史系の博物館の数が多い。ここでは、その中から筆者が取材で訪ねたことのある博物館を紹介しておこう。

北海道大学総合博物館（札幌市）

北海道大学構内にある総合博物館。本書監修者の一人である小林快次の所属先である。ちょうど本書が刊行される2016年夏にリニューアルオープンする。

「総合博物館」なので、自然史系から人文系まで、その展示は変化に富む。古生物学関係の展示においで特筆すべきは、ニッポノサウルスをはじめとする脊椎動物の全身復元骨格だ。ほかにも大型のワニ類マチカネワニや、哺乳類のデスモスチルスなどが存在感を示す。

大学構内にあるとはいえ、とくに入構・入館手続きなどは必要ない。JR札幌駅北口から歩いて10分〜15分ほどで到着する。

むかわ町穂別博物館（むかわ町）

本書の発掘の舞台となったむかわ町にある自然史系博物館。本書の監修者である櫻井和彦と、西村智弘が所属している。

入口の扉を開けると、ホールに飾られたクビナガリュウ類「ホッピー」の全身復元骨格が目をひく。また、モササウルス類ティロサウルスの生態復元模型は、細部までのこだわりが光る。関連して、モササウルス類の化石の展示も充実している。もちろん、本書のテーマである恐竜化石に関連した展示もある。

ほかにも、新属新種のカメ類の化石や全身復元骨格をはじめ、各種アンモナイトや、絶滅二枚貝のイノセラムスなどもあり、とくに中生代の古生物に関しての充実度は高い。

けっして広い博物館ではないが、化石好きであれば、思わず時間を忘れてしまうにちがいない。西村考案のゆるキャラ「いのせらたん」のチェックも忘れずに。

アクセスは、自動車によるものが主流。札幌駅から自動車で道央自動車道を利用して約2時間。新千歳空港からは自動車で約1時間半。

北海道博物館（札幌市）

赤れんがが、オシャレ感を上手に演出している博物館。旧名は「北海道開拓記念博物館」で、2015年にリニューアルオープンした。

人文系の展示が大半を占める一方で、マンモスやナウマンゾウの展示が存在感を示している。入口ホールには、マンモスとナウマンゾウの全身復元骨格が飾られており、その足下の床や、解説のテレビ映像などとあわせて楽しむことができる。

最寄り駅は、JR新札幌駅もしくは地下鉄新さっぽろ駅から、タクシーもしくはバスで15分前後。JR新札幌駅は札幌駅から数分の駅であり、地下鉄新さっぽろ駅は、札幌の繁華街であるすすきのから地下鉄で乗り換え1回でアクセスできる。岩見沢方面からの場合は、JR森林公園駅とそこからのバスも利用可能。

三笠市立博物館（三笠市）

蝦夷層群産のアンモナイト展示が極めて充実している博物館。「アンモナイトの博物館」として、古生物関係者の中ではよく知られている。

広い展示ホールに整然と並ぶ大型アンモナイト群は圧巻。そのアンモナイト群を使ったVR展示も用意されており、思わず見入ってしまう。

秀逸なのは、展示されている異常巻きアンモナイトの種類数とその質。そして解説である。とくに解説はかなり玄人向けであり、分類のポイントなどが書かれている。「三笠ジオパーク」の中核の博物館でもあり、冬期以外は館外の野外博物館も歩いて楽しむことができる。

アクセスは自動車で。札幌駅から道央自動車道を利用して約1時間。なお、途中の岩見沢サービスエリアでは、屋外に大型アンモナイトが展示されているので、余裕があれば見ておきたい。新千歳空港からは、一般道を北上して約1時間半。

足寄《あしょろ》動物化石博物館（足寄町）

絶滅した謎の哺乳類、「束柱類《そくちゅうるい》」の展示がとても充実している博物館。とくに「デスモスチルス」に関しては、複数の研究者による復元のちがいを楽しむことができる。

体験メニューの豊富さがポイントで、学芸員による展示解説、ミニ発掘、レプリカづくり、古生物模型づくりなど、予約なしで個人で訪問した場合でも楽しむことができる。ただし、団体利用の場合は、事前に連絡が必要。

アクセスは自動車によるものが主流。最寄りの都市は帯広で約1時間15分の距離。帯広空港から自動車で約1時間半。

博物館ホームページ

●北海道大学総合博物館（札幌市）
http://www.museum.hokudai.ac.jp/

●むかわ町穂別博物館（むかわ町）
http://www.town.mukawa.lg.jp/1908.htm

●北海道博物館（札幌市）
http://www.hm.pref.hokkaido.lg.jp/

●三笠市立博物館（三笠市）
http://www.city.mikasa.hokkaido.jp/museum/

●足寄動物化石博物館（足寄町）
http://www.museum.ashoro.hokkaido.jp/

第2部

恐竜化石

第1章 恐竜とは何か

本書は、北海道むかわ町穂別で発見・発掘された「恐竜化石」に関する記録であり、物語であるが、そもそも「恐竜」とは、何なのだろうか？

21世紀ももうすぐ5分の1に到達しようという昨今であっても、実は「恐竜」という動物について、正しい知識が必ずしも周知されていないように見受けられる。

とくにメディアにおける「恐竜」と「恐竜以外の爬虫類」の混同は、現在でもしばしば確認される。そして、そうしたメディアが〝発信力〟をもっている故に、誤解は誤解のままとなっている。

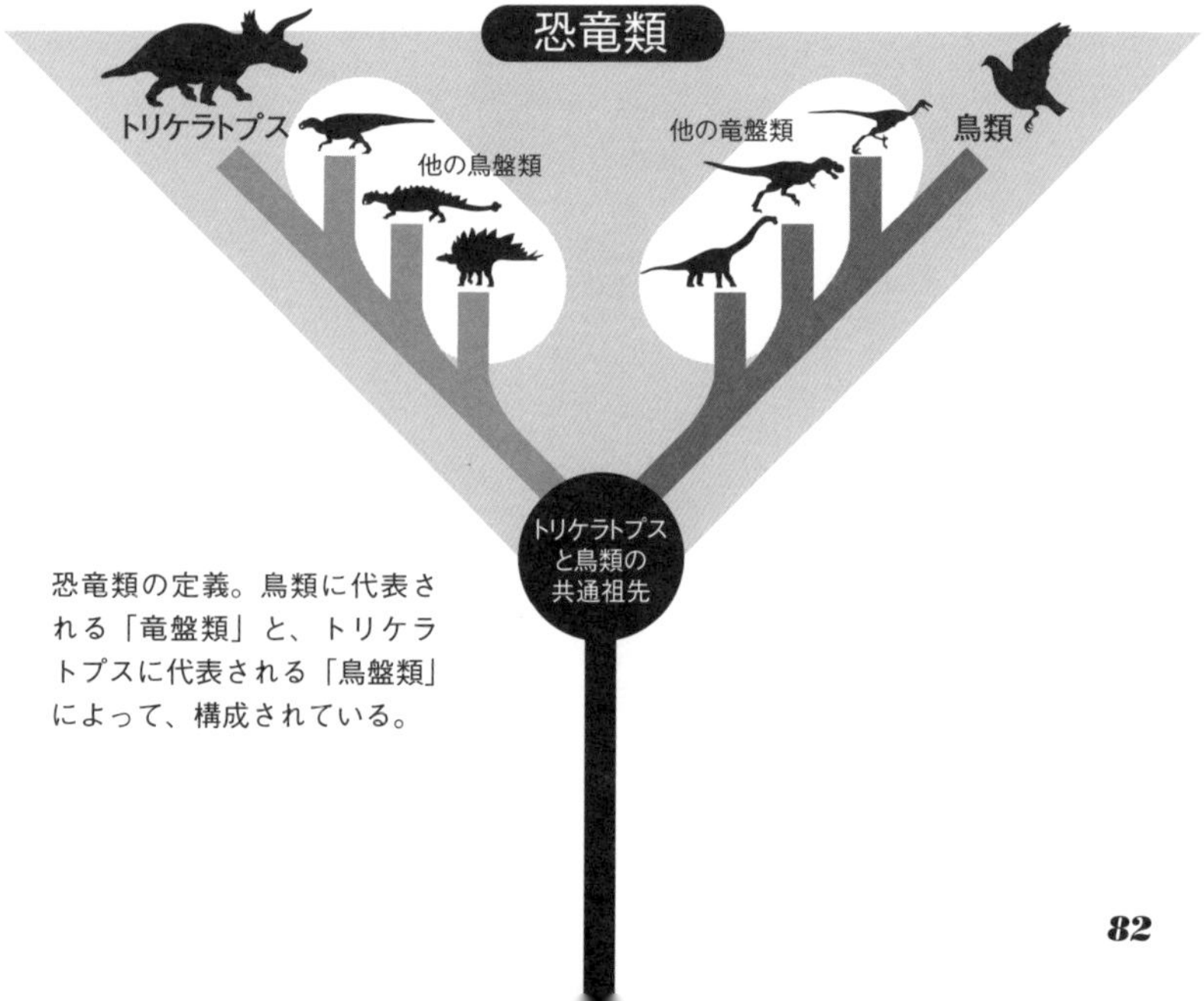

恐竜類の定義。鳥類に代表される「竜盤類」と、トリケラトプスに代表される「鳥盤類」によって、構成されている。

ここで、恐竜の「定義」について書いておきたい。「定義」とは、「物事をこのように定めます」というものだ。

近年における恐竜の学術上の定義は、次のようになっている。

「トリケラトプスとイエスズメの最も近い共通祖先から生まれたすべて」

これは「学術的な定義」なので、いささか難しく感じるかもしれない。ここで少し、この定義を分解してみよう。

まずは、身近な単語から。

イエスズメとは、学名を「***Passer domesticus***」と書く現生の鳥類である。ヨーロッパの街中に生息している小型の鳥類で、日本における「スズメ（***Passer montanus***）」とは別種だ。もっとも、この定義における「イエスズメ」の部分は、日本の「スズメ」あるいは、いっそのこと「鳥類」と置き換えても問題はない。

この定義の第一のポイントは、イエスズメという「鳥類」が、文章に含まれているという点である。すなわち、鳥類は恐竜類という大きなグループの中の1グループということになるのだ。

つまり、恐竜は現代でもなお滅びておらず、鳥として我が世の春を謳歌し続けていることになる。

鳥類の現生種数は約9700種で、実はこれは私たち現生哺乳類の約2・3倍に相当する。種の多様性だけに注目すれば、恐竜類（鳥類）は今なお優勢である。何よりも制空権は彼らのものだ。

話を定義に戻そう。

「トリケラトプスとイエスズメの最も近い共通祖先から生まれたすべて」

鳥類は、恐竜類を構成する獣脚類というグループに属している。獣脚類は、すべての肉食恐竜を含むグループである。有名な肉食恐竜である「ティラノサウルス（***Tyrannosaurus***）」も、このグループに含まれる。獣脚類には、すべての肉食恐竜が属しているけれども、獣脚類の恐竜すべてが肉食ではないという点も覚えておきたい。このグループには、植物食恐竜や雑食恐竜も含まれている。

獣脚類は、竜盤類という、より大きなグループに分類される。竜盤類は恐竜類を2分する大グループの一つで、現生のトカゲのものに似た骨盤をもっていることが特徴である。ここまでが、「イエスズメ」という単語が意味していることだ。つまり、この単語は竜盤類というグループを示唆している。

では、トリケラトプスという単語は何を意味するのだろうか？

そもそもトリケラトプスは、学名を「***Triceratops***」と書く。四足歩行の植物食恐竜で、白亜紀末期の北アメリカに生息していた。後頭部に発達した大きなフリルと、両眼の上と鼻先にあるツノが特徴だ。同じような特徴をもつ種とともに角竜類というグループをつくり、角竜類は周飾頭類《しゅうしょくとうるい》というグループに、周飾頭類は鳥盤類というグループに属する。この鳥盤類が、竜盤類とともに恐竜類を2分する大グループの一つである。いささかややこしいのだけれど、「鳥盤類」とは言っても、こちらには鳥類は含まれない。鳥類は、竜盤類の中の獣脚類の中の1グループである。

イエスズメは竜盤類に属し、トリケラトプスは鳥盤類に属する。竜盤類と鳥盤類。つまり、この二つの大グループが恐竜である、と定義は示唆しているわけだ。

脚のつき方に注目

もっとも、私たち一般市民が博物館やテレビ、書籍などで復元された骨格を見て、「ああ、これは恐竜類だな」とか、「これは恐竜類ではなくてワニだな」と見分けるのは、いささか慣れが必要かもしれない。そこで、恐竜類に共通するわかりやすい特徴を一つ紹介しておこう。

それは、「直立歩行をする爬虫類」であるということである。

「直立歩行」とは、脚が体の下に向かってまっすぐにのびているということを指す。

現在のワニやトカゲ、カメなどの脚を思い起こしてもらうと違いがわかりやすい。彼らの脚は、胴体からまず側方へとのびており、体の真下へと向かっていない。すなわち、ワニもトカゲもカメも恐竜類でない。こうした脚のつき方はむしろ哺乳類と同じである。

もしも、あなたや、あなたの身近な人がイヌやネコ、あるいはウマやウシやブタなどを飼育しているのであれば、その脚のつき方を恐竜図鑑の恐竜たちと比べてみよう。あるいは、ワニやカメが近くにいるのなら、ワニたちとも比較してみよう。より実感できるはずである。恐竜の脚のつき方は、ワニやカメよりも、イヌやネコに近いのだ。

この「直立歩行をしている爬虫類」という特徴を一つ覚えておくだけで、恐竜類とその他の爬虫類との混同を概ね避けることができる。

よく混同される代表例として、「クビナガリュウ類」がいる。『ドラえもん のび太の恐竜』で知られる「ピー助」や、そのモデルとされる「フタバスズキリュウ」ことフタバサ

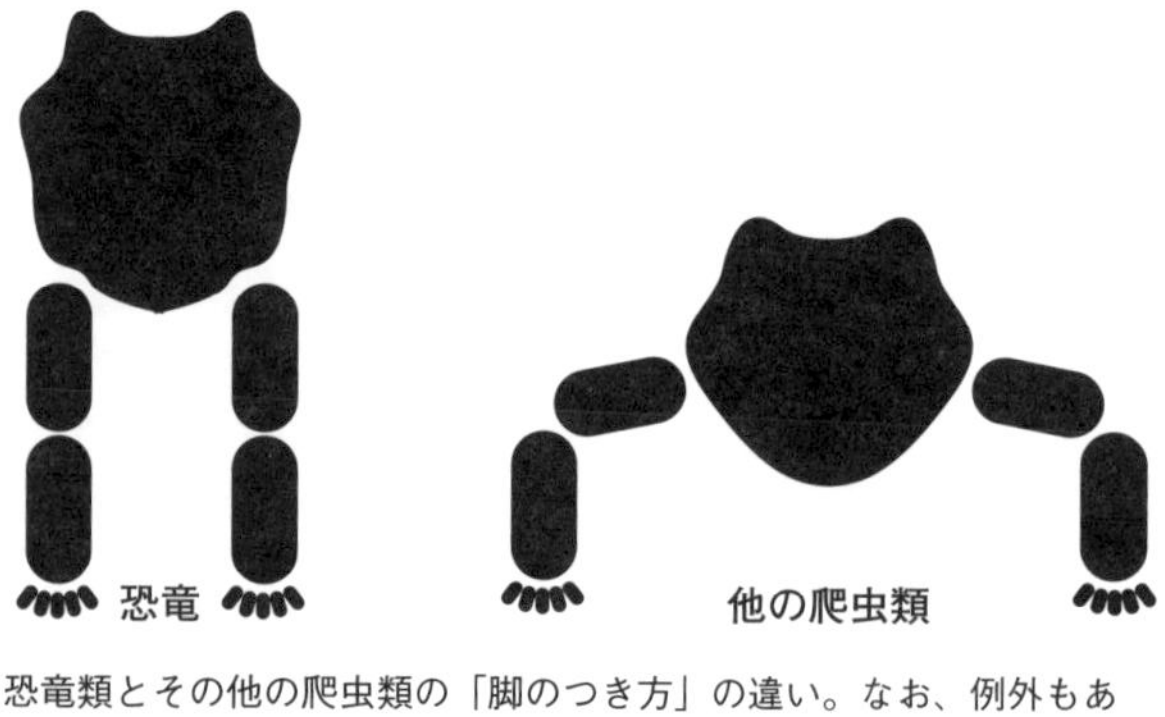

恐竜類とその他の爬虫類の「脚のつき方」の違い。なお、例外もあるので、あくまでも目安として覚えておくと良いかもしれない。

ウルス（***Futabasaurus***）で知られる小さな頭に長い首、樽を潰した形の胴体に鰭となった四肢をもつ海棲爬虫類だ。フタバサウルスの特徴が示しているようにクビナガリュウ類は、「鰭となった四肢」をもっている時点で、「直立歩行」という恐竜類の特徴にはあてはまらない。したがって、恐竜類ではない。

同じように、プテラノドン（***Pteranodon***）に代表される翼竜類や、映画『ジュラシック・ワールド』で豪快なジャンプを見せた巨大な海棲爬虫類のモササウルス類は、「直立歩行をする爬虫類」ではないので、これらも恐竜類ではない。

ただし、恐竜類の特徴は「直立歩行をする爬虫類」だけというわけではなく、他にもいくつもの学術上の特徴があることも注意が必要である。

現生爬虫類の中には、「直立歩行をしている爬虫類」はいないけれども、過去においてはそうではなかった。恐竜類の始祖が登場した2億３０００万年前ごろの世界には、クルロタルシ類という〝ワニの祖先を含む爬虫類グループ〟が存在した。クルロタルシ類もまた「直立歩行をしている爬虫類」という特徴をもっていたのである。

……とはいえ、「直立歩行をしている爬虫類」という特徴は見た目でわかりやすいものであり、恐竜のイメージをかなり限定できる。この特徴を一つ覚えておくだけでも、いろいろと便利なはずだ。

第2章
日本の恐竜たち

筆者が取材や打ち合わせのために北海道大学総合博物館を訪ねるたびに、「お、いるな」と挨拶をする全身復元骨格がある。

「ニッポノサウルス・サハリネンシス（***Nipponosaurus sachalinensis***）」だ。

ニッポノサウルス・サハリネンシスは、恐竜類の中でも鳥盤類の鳥脚類というグループに属する。「鳥」という文字が二つ入っているけれども、このグループは鳥とは関係はない（しつこいようだけれども念のため）。

鳥脚類の恐竜はツノも大きなフリルも、背中の

ニッポノサウルス。「日本の恐竜化石第１号」。　©Masato Hattori

板や尾のトゲなどの、見た目が派手な特徴はもっていない。

しかし、少なくとも一部の鳥脚類は、とても優れた〝植物食性能〟をもち、白亜紀に大いに繁栄した。

ニッポノサウルス・サハリネンシスは全長2・5メートルほどで、顔の先端が平たくなっている。これは、「カモハシ竜」あるいは「カモノハシ竜」といわれる恐竜たちの特徴である。「カモハシ」「カモノハシ」は、「鴨の嘴《くちばし》」という意味だ。もちろん、その顔の形に由来するものである。

「***Nipponosaurus***」という学名（属名）の意味は、「ニホンのトカゲ（爬虫類）」という意味である。1936年に報告された化石で、記念すべき「日本の恐竜化石第1号」だ。ただし、「***sachalinensis***」という学名（種小名）が示すように、その産地はロシア領サハリン州である。現在の日本領土が産地、というわけではない（学名については、283ページのコラムを参照されたい）。

この恐竜化石が報告された「1936年」は、第二次世界大戦に向けて、世界の緊張が急速に高まっていった時期である。日本国内でも二・二六事件と言われるクーデター未遂事件が勃発した。

そんな時代だ。そんな時代でも、サイエンスは確実に一歩前進していた。

当時、サハリンの南半分は「南樺太」という名前で日本領だった。

サハリン（樺太）は、歴史的にロシアと日本が領有をめぐって対立してきた島だ。日露戦争の結果、締結された1905年のポーツマス条約で南半分を日本が領有することになり、1951年のサンフランシスコ平和条約（第二次世界大戦の講和条約）で日本がその権利を放棄するまでの46年間、日本の統治下にあった。

ニッポノサウルスは、そんな日本領時代のサハリン（南樺太）で発見された。北海道帝国大学（当時）理学部で地史学と古生物学の初代教授を務めていた長尾巧によって研究・報告・命名されたことで知られ、その標本は今も北海道大学に保管されている。なお、ニッポノサウルスに関しては、その後の研究で、幼体であることが指摘されている。

ニッポノサウルスの保存率は全身の6割におよぶ。この数値は、大型脊椎動物のものとしては、かなり良い。

大型脊椎動物の化石は全身が残りにくい。おそらくもっともよく知られている恐竜であろうティラノサウルスに関しても、２００６年の時点で6割以上の保存率をもつものは、46個体中2個体しか報告されていない。

第二次世界大戦後、しだいに「恐竜」という古生物の知名度が上がってきた。しかし、「日本から恐竜化石は産出しない」「産出しても部分化石ばかりだ」といわれてきた。日本にも恐竜時代の地層があることはかねてより知られていたが、日本のように地殻変動の激しい地域では、化石は地中で破壊されてしまっているのではないか、と考えられていたのだ。

実際のところ、１９７８年に岩手県から「モシリュウ」、１９７９年に熊本県から「ミフネリュウ」、１９８1年に群馬県から「サンチュウリュウ」、１９９６年に三重県から「トバリュウ」の化石が報告されたけれども、いずれも部分化石である。これらの化石に学名はついていない（「〜リュウ」という名前は「和名」であり、愛称のようなものである。この4種にはいずれも産地名が冠された）。

日本の恐竜研究史の一つの転機となったのは、１９８０年代だ。石川県白峰《しらみね》村（現在の白山市）で肉食恐竜（獣脚類）の歯化石が1本発見され、「手取《てとり》層群」と呼ばれる北陸地方の地層が注目されるようになったのである。

大規模な調査・発掘計画が立案され、実行に移されていく。白峰村と県境をこえて地層が連続している福井県勝山市では、今なお大規模な発掘が進められているほどで、日本における恐竜化石の一大産地として知られるようになった。

この発掘によって、２０００年に獣脚類の「フクイラプトル・キタダニエンシス（***Fukuiraptor kitadaniensis***）」、２００３年に鳥脚類の「フクイサウルス・テトリエンシス（***Fukuisaurus tetoriensis***）」、２０１０年には竜脚類の「フクイティタン・ニッポネンシス（***Fukuititan nipponensis***）」が発見、報告されている。いずれもニッポノサウルスほどの保存率はないが、新種と断定できるだけの情報をもっていたため、学名がつけられた。

ちなみに、福井県勝山市の発掘は、4年単位で数回に渡って繰り返されてきた。その人的戦力として全国の地学系大学生にボランティア参加の募集がかかる。筆者は第2次発掘が行われたとき、石川県の金沢大学理学部地球学科に在籍しており、友人たちとともにその発掘に参加した。

発掘では同じ宿に宿泊し（男子のほとんどは大部屋）、同じ釜の飯を食べて日々をすごす。本書監修の小林快次と筆者が初めて出会ったのも、この発掘においてである。

福井だけではない

手取層群に関しては、最初の歯化石が石川県で発見されているように、福井県だけが恐竜化石産地、というわけではない。2009年には、鳥盤類の原始的なグループに属するものとして、「アルバロフォサウルス・ヤマグチオルム（***Albalophosaurus yamaguchiorum***）」が報告されている。同じ手取層群の恐竜化石であっても、「フクイ」を冠した福井県の恐竜たちと大きく異なる学名だ。「アルバロフォサウルス」という属名を一見しただけでは、とても日本産の恐竜には見えないかもしれない。

しかし実は、「***Albalopho***」は「白い稜」という意味で、これは石川県と岐阜県の境に位置する霊峰「白山」を示唆している。ちょっと洒落た命名の仕方だけれども、やはり地域に由来する学名だ。

2000年代に入ってからは、兵庫県も「恐竜化石発見地」に名を連ねるようになった。2006年に竜脚類「タンバリュウ」の化石が発見され、その後の発掘と研究によって、新種と認められた。学名を「タンバティタニス・アミキティアエ（*Tambatitanis amicitiae*）」という。その属名は、発見地である兵庫県丹波市に由来する。

タンバティタニスは、早い段階から組織的に「町おこし」として注目された、という側面ももっている。その一環で「丹羽竜」という文字が丹波市によって特許庁に商標登録された。商標登録されたということは、丹波市以外の団体や企業は、この文字を商品名やサービスには利用できない、ということになる。商品名やサービス名に使いたければ、許可をとらなければならない。恐竜化石を町おこしにつなげようとする自治体は少なくないが（むしろ、それは〝普通〟のことだが）、その名前を商標登録まで進めるというのは珍しい。

ここまで、「リュウ」の名前、あるいは学名がついているものを中心に紹介した。ここで紹介した標本以外にも、群馬県からは2003年に獣脚類スピノサウルス類のものとされる歯の化石が報告されている。2015年には、長崎県から同じ獣脚類に属するティラノサウルス類のものとされる歯化石が報告された。

実は「アンモナイトといえば、北海道」といわれてきた北海道でも、これまでまったく恐竜化石

夕張市から発見されたノドサウルス類の化石。 （Photo：三笠市立博物館）

が発見されていないわけではない。なにしろ、宗谷海峡を渡った先のサハリンでは、ニッポノサウルスが発見されているのだ。北海道でも、中川町や小平町などからいくつかの標本が報告されており、その中でも夕張市の蝦夷層群から発見された鎧竜類の頭骨は、２００４年に国際誌に報告されている。

種同定までは研究が進展しなかったものの、この鎧竜類はノドサウルス類というグループに属することがわかっている。

鎧竜類とは、背中に骨の板が、まるで鎧のように並ぶ四足歩行の植物食恐竜たちで、「曲竜類」とも呼ばれる。尾の先に骨のこぶがあるグループと、骨のこぶがないグループに大別される。前者はアンキロサウルス類と呼ばれ、後者がノドサウルス類である。

夕張市から発見された化石は、ノドサウルス類のものとしてはアジア初の報告であり、その起源である北アメリカ大陸とのつながりを議論する素材の一つとして注目されている。なお、この研究にあたっていたのは、当時、三笠市立博物館に勤務していた早川浩司という人物である。学生時代の筆者の〝師匠〟の一人だ。残念ながら、2005年に41歳の若さで早逝している。

海でできた地層である蝦夷層群から、陸の動物であるノドサウルス類の化石が発見されたということは、すなわち、その遺体は陸から流されてきた、ということになる。早川は、2004年に小林たちと刊行した『日本恐竜探検隊』の中で、蝦夷層群や函淵層群から陸棲の脊椎動物化石がほとんどみつかっていないことを「不思議でならない」と書き、「陸上の動物化石がもっと発見されても不思議ではない」とのべていた。

その「不思議ではない」ことが立証されるには、『日本恐竜探検隊』の刊行から8年の歳月が必要だった。

第3章

恐竜化石であってほしい

――櫻井和彦 その1

発掘の実務面を担当。「穂別といえば、櫻井さん」。筆者が学生時代に穂別や隣接する大夕張で地質と化石の調査をしていたときから、そう名前が挙がっていた。別件の取材先でも穂別の話が出ると必ず登場する。穂別博物館学芸員。

化石を研究する者にとって、「地元の博物館」は情報収集先として大切な存在だ。

しかし、必ずしも自分の研究フィールドの近くに博物館があるとは限らないし、そこに地質学や古生物学を専門とする学芸員がいるとは限らない。

いや、むしろ、自分の研究フィールドの近くに博物館があり、地質学や古生物学の専門家がいるという例は、珍しいといえる。

むかわ町穂別博物館は、そうした「珍しい博物館」である。その学芸員として20年近く勤務してきた櫻井和彦も、珍しい存在であるといえるかもしれない。

小樽で生まれ育った櫻井は、幼い頃から化石に興味があったわけではない。自然や生き物には興味はあったものの、高校では選択科目の中に「地学」はなく、物理と化学を選択していた。大学は、地元の北海道教育大学札幌校に進学。理科の教員をめざすコースを選んだ。

櫻井たち学生の前には、物理、化学、生物、地学の4教室が待っていた。学生たちはその中から、一つの教室を選び、勉学に励む。このうち、地学教室は希望人数が少なかった。

「小規模な教室がいいな」

そんな理由で、櫻井は人生で初めて地学を選ぶ。

地学教室には、二つの研究室があった。一つは、岩石の研究室。もう一つは、化石の研究室である。もともと生き物に興味があった櫻井は、ここで化石を選択する。櫻井が「化石の研究」を始めたのはここからだ。

世にいう「古生物学者」の中には、幼い頃から化石に触れて育ってきた、という人々も少なくない。両親が二人とも、あるいはどちらかが化石ファンであれば、子供の頃から化石採集に頻繁に連れていってくれたという場合もある。また、近場に著名な化石産地があれば、自分で足繁く通っていた、という場合もある。中学校や高校の部活動で化石を扱っていた、という例も少なくない。

しかし、櫻井の場合はこれらの例には当てはまらず、大学で初めて化石に触れることになった。

所属した研究室は、海棲哺乳類をテーマとしていた。しかし、北海道東部の網走で発見されたという海鳥の化石が、たまたま研究室に置いてあった。民間の地質調査会社から、研究のためにと持ちこまれた標本であるという。

気になった。

櫻井は指導教官に頼み込み、その化石を研究することにした。このことが、櫻井の人生を大きく方向づけることになる。

櫻井は、海鳥の研究をしながら大学院に進んだ。

もともと北海道教育大学は、教員を養成する大学である。当然のように櫻井も中学校・高等学校の教員免許を取得した。

しかし、なぜか教師になる気がせず、教師になるための就職活動をしなかった。

そのまま大学院修了を迎えた。そのとき、海鳥の化石を研究室に持ちこんだ地質調査会社の社員が、独立して新たに地質コンサルタントの会社をつくるという。そこで、海鳥の化石が縁となり、まだ就職先の決まっていなかった櫻井に声がかかった。

「ともに会社をやらないか」

かくして櫻井は地質コンサルタント会社の社員として、社会人生活をスタートした。

メインの仕事は温泉の調査、ダムや高速道路の建設予定地の地質調査、岩石の分析、火山のハザードマップの制作などだ。

化石とは縁もゆかりもない日々がつづいていく。

そんな折、大学時代の指導教官から一本の電話がかかってきた。

「穂別の博物館に、学芸員の欠員が出るようだ」

学芸員とは、博物館の研究員であり、また展示物の管理や企画、運営、所蔵標本の管理なども一手に行う専門職である。穂別博物館は、当時から脊椎動物の化石が充実しており、櫻井にとっては、お気に入りの博物館の一つだった。その博物館には学芸員が二人いて、このたび、そのうちの一人が退職することになったという。

その話を聞いて、櫻井は社長にすぐさま相談した。

「会社を辞めても良いですかね?」

社長は快諾し、推薦状まで書いてくれた。

かくして1998年、櫻井は穂別博物館で化石を研究する学芸員補としての仕事をはじめることになった。当時32歳。

恐竜の骨、といわれる化石があった

学芸員補としての最初の仕事は、博物館に展示されていたクジラの骨格標本の姿勢修正だった。その後、穂別地域で発見されたモササウルス類をはじめとする脊椎動物化石の標本整理、研究ということが業務になっていった。

モササウルス類は、白亜紀後期の海に生息していた爬虫類で、手足と尾の先端が鰭になっていた〝水棲のトカゲ〟である。大型の種では全長15メートルをこえ、大きな顎と太い歯をもち、当時の海洋生態系の覇者といえる存在だ。

北海道の日高山脈の西側に分布する蝦夷層群という地層からは、これまでにもモササウルス類の化石が発見されている。そのうち4種は新種であり、4種中3種は穂別産である。

こうした化石は、地元博物館学芸員や、地質学や古生物学を研究する大学の研究者、学生などが調査中にみつけるケースがある。

一方で、アマチュアの化石愛好家がみつける場合も少なくない。

前者の場合は自分の所属する研究機関に標本を持ち帰る。後者の場合は、地元の博物館に寄贈して研究の進展を待つ、ということが一般的だ。

とくに後者のケースにおいては、時が進むと博物館の収蔵庫にしだいに研究待ちの標本が増えていくことになる。

多くの化石は、母岩から化石を取り出す「クリーニング」という作業をしなくてはいけない。この作業に時間がかかる。そのため、どうしても持ちこまれるスピードが研究のスピードを上回ってしまう。その結果、たいていの博物館においては、研究して学会に発表し、博物館に展示される標本よりも、研究待ちの標本の方が多くなる。

当然のように、櫻井が就職した時点ですでに穂別博物館にも大量の〝在庫〟があった。

穂別博物館で働きはじめた当初は、先輩の学芸員である地徳力の指導を受けながら二人で業務をこなしていた。しかし1年後、地徳も退職してしまう。以来、長い間、一人で粛々と日々をすごしていた。

標本の整理。特別展の企画。そして普及業務。こうした日々の仕事に追われるうちに、年月がすぎていった。

実は、博物館で働きはじめた１９９８年当時から、収蔵庫には「恐竜ではないか」といわれていた標本があった。大きな黒い塊の標本。たしかに腕か脚の骨に見えた。大きさから判断するに、恐竜のものではないか。

一般への普及啓蒙を担う博物館にとって、「恐竜の化石」は、特別な意味をもつ。モササウルス類などについて、メディアが大きく取り上げることは、残念ながらまれである。しかし、恐竜化石ともなれば、メディアが取り上げる可能性は飛躍的に上昇し、博物館の来館者も大きく増える。ありていに書いてしまえば、本書もそうした企画の一翼である。

いわゆる「学術的な価値」という視点でいえば、他の化石も間違いなく重要だけれども、一般視点で見たときの「恐竜」への注目度は、他の化石の比ではない。恐竜化石であれば、来館者数の増加が期待できる。そして、恐竜を見に来た見学者が他の標本にも触れるチャンスになる。恐竜化石を斬り込み隊長に注目の幅がいっきに広がるのだ。

穂別博物館にも、ときどき「そちらで恐竜の化石は展示していますか？」という問い合わせがある。しかし、そうした問い合わせに対しては、「ありません」と答えるしかなかった。

穂別博物館ではすでに、モササウルス類以外にもクビナガリュウ類の化石が展示されていた。穂別博物館のクビナガリュウ類の標本は、学名はないものの、全身復元骨格が組まれ、「ホッピー」の愛称で親しまれていた。「ホベツアラキリュウ」という和名もある。

このホッピーが恐竜とよく間違えられた。

これは穂別博物館だけの話ではないが、クビナガリュウ類は恐竜類と勘違いされる例が非常に多

「恐竜類」と間違えられることが多い「ホベツアラキリュウ」。(Photo：むかわ町穂別博物館)

い。しかし、陸の恐竜類と海のクビナガリュウ類は、まったく別のグループである。来館者に「これって、恐竜の化石ですか？」とホッピーのことで尋ねられたとき、「いや、これは恐竜ではなくて……」という答えを櫻井自身も何度したかわからない。

そのたびに、忸怩たる思いがあった。

だからこそ、「恐竜ではないか」といわれてきた化石標本に、櫻井は期待した。恐竜化石であれば、「穂別町（当時）」という自治体そのものへの注目も高まるにちがいない。しかし、櫻井自身には恐竜化石を研究した経験がなく、その標本が恐竜のものなのかどうかはわからなかった。

2005年、恐竜研究の専門家である小林快次が、北海道大学総合博物館に着任した。北海道大学のある札幌と穂別は、車で片道約2時間の距離である。そう遠くない。

櫻井はそれまで小林とは面識はなかった。

それでも2007年冬、「恐竜ではないか」とされていた標本を小林のもとに持ちこんだ。しかし、期待通りの答えを得ることはできなかった。

CTによる解析を行った小林の判断では、これは陸上動物の骨とはいえない、ということだった。脊椎動物の大腿骨、もしくは、上腕骨の一部ではあるだろうけれども、恐竜のものとはいえないという。

ふっと、何かが肩からぬけていった。やはり現実は、そう甘いものではないらしい。

実はこのとき、アマチュア化石収集家の堀田良幸が発見して、櫻井自身もその回収に携わった〝例の標本〟が、穂別博物館の収蔵庫にすでにあった。

しかしその標本は、「正直なんだかわからない」ため、「おそらくクビナガリュウ類のものだろう」と見ていた。

その判断に明確な根拠はなかった。

ただし、その思い込みのまま博物館における〝優先度〟は低く設定していた。そして、そのままクビナガリュウ類の標本として保管（放置）されていた。

博物館にとっては、かねてより「恐竜ではないか」といわれていた標本の方が優先度が高かったのだ。

嬉しい誤算

堀田が２００３年に持ちこんだ標本は、「クビナガリュウ類」と判断した。

しかし実は、１９８０年代の「ホッピー」以来、博物館の所蔵品をクビナガリュウ類研究の専門家が本格的に研究したことはなかった。

物語が進むのは、2010年だ。

約30年ぶりに、クビナガリュウ類の研究者として東京学芸大学の佐藤たまきが来館することになったのである。

そこで、櫻井はクビナガリュウ類の化石、もしくはクビナガリュウ類と思われる化石を収蔵庫から〝蔵出し〟し、博物館の空いていた部屋に標本を並べて佐藤を待った。佐藤はそうした化石を見て、「気になる」という標本を選び出す。その中に、堀田が持ちこんだ標本があった。

こういう場合は研究者が大学などに持ち帰る場合もあるが、佐藤が指摘した標本は、輸送中に破損してしまう恐れがあった。そのため、博物館でクリーニングを進めることにした。

翌2011年、再び佐藤が来館した。このとき、堀田が持ちこんだ標本は、まだクリーニング中だった。

そんな作業中の標本を見た佐藤が一言。

「もうちょっとで分類のポイントが見えそうなので、私が作業を進めても良いですか」

許可を出し、櫻井自身は研究室の自分の机に戻った。その後、作業中の佐藤を見るとなんだか深刻な表情で標本に向かいあっていた。

少し時間が経過して、佐藤がそっと研究室に顔を出した。そして、こっそりと、内緒の話をするように、櫻井に告げる。

「櫻井さん、ちょっとお話がありまして」

小声の話は、一般的には「とてもよい話」か「とても悪い話」のどちらかである。佐藤はなんだか意気消沈しているように見えた。……ということは、前者である可能性は低い。悪い意味で、何かあったのだろうか？　そんなことを考えながら、佐藤に呼ばれるままに、堀田標本の前にまでやってきた。

佐藤は声を潜めた。

「これは、クビナガリュウではありません、たぶん恐竜の骨です」

瞬間、視界が真っ白になった。

決め手になったのは、骨の下部にある血導弓《けつどうきゅう》という骨の形だ。クビナガリュウ類の血導弓は、椎骨の下に「ハ」の字のように広がってつく。しかし、クリーニングを終えた標本は、その逆で、「V」の字になっていたのである。カナダにおいて研究生活をおくってきた佐藤には、この「V」の字に見覚えがあった。恐竜の血導弓がまさにこの形をしていたのだ。

突然のことに茫然自失していた櫻井は、実はこのとき、無意識のうちにガッツポーズをしていたらしい。「らしい」というのは本人は覚えておらず、のちに佐藤が教えてくれたからだ。

我にかえった櫻井は、ひしと感じた。
これは、大発見だ。

第4章
クビナガリュウ類ではなかった
——佐藤たまき

本書に唯一登場する女性関係者が、佐藤たまきさんである。海外で研究生活をおくってきた人物で、帰国前から「クビナガリュウ類なら佐藤たまきさんがいるよ」と、関係者の中では名前が挙がっていた。東京学芸大学准教授。

佐藤たまきは、クビナガリュウ類の研究を専門とする古生物学者である。

幼い頃から恐竜などの古生物が好きで、「古生物学を学ぶことができて」「自宅（実家）から通える」という理由で東京大学の地学教室に進学した。

当時、東京大学の古生物学の研究は、アンモナイトやウミユリなどの無脊椎動物が中心だった。

しかし、佐藤は早い時期から「脊椎動物の化石をやりたい！」とことあるごとにアピールをした。

そのかいがあった。教官の一人から「クビナガリュウ類の化石だったらあるぞ」と提案されたのだ。

東京大学総合研究博物館所蔵、北海道小平町産のクビナガリュウ類の化石である。この標本が佐藤の研究人生の〝最初の化石〟となり、その後の研究テーマを決定づけた。

東京大学の在学時代のいくつかの経験が、本書の物語に大きく関わることになる。

「脊椎動物の化石をやりたい！」とアピールしていた佐藤は、教養学部の教官の一人から、「勝山で恐竜発掘をやっているから、参加してみるといい」と誘われた。福井県立博物館が進めていた福井県勝山市の調査だ。そこで、佐藤は同世代でありながら、すでにアメリカに渡り、恐竜の研究を進めようとしていた小林快次と出会った。

また、東京大学の地学教室は、「巡検」を重視する大学だった。「巡検」とは、国内外の地質学や古生物学、火山学など、地学にまつわる「現場」を回る〝研修〟だ。もっとも、東京大学に限ったことではなく、自然を相手とする地学系の教室においては、現場を見る貴重な機会ということで、単位の一つとしてカリキュラムに取り込まれていることが多い。教官が学生を引き連れて、教室単位、あるいは、講座単位もしくは研究室単位で、各地のフィールドを見て回る。

こうした巡検は、一言で書いてしまえば、「旅行」に近い感覚かもしれない。しかし、ヘルメットをかぶり、ハンマーを片手に、場合によっては道無き道を歩いて〝地質学的名所〟をめぐるという点が、一般的な旅行とは大きく異なる点だ。もしもあなたが、例えば道路脇の崖でヘルメットをかぶり、必死にメモをとる集団をみつけたとしたら……、それはどこかの大学の巡検かもしれない。

大学の講義や実験の一環として行われる以上、巡検終了時にはレポートの提出などを義務づけられる場合も多い。けっして、遊びではないのだ。

東京大学の巡検の一環で、佐藤は人生で初めて穂別町（当時）を訪ねた。このとき、町立博物館に多くのクビナガリュウ類の標本が所蔵されていることを知った。

「ホッピー」のちに「ピー助」

卒業研究でクビナガリュウ類の研究をすることになった佐藤は、巡検後に改めて穂別博物館を訪ねた。主目的は、穂別博物館の「ホッピー」（67・103ページ参照）を見ることだ。ホッピーは、日本ではじめて本格的に論文記載された、クビナガリュウ類の標本である。香川大学（現・鹿児島大学）の仲谷英夫によって1989年に発表されたその論文は、当時の佐藤にとって、教科書のような存在だった。

どのように論文を書けば良いのか。

どのようなポイントに注目すれば良いのか。参考になった。

ホッピーの骨化石をひとつひとつ写真に取り、そして、じっくりとなめるように観察し、記録をとる。そうして卒業論文を書き上げた。

フタバスズキリュウの全身復元骨格。いわき市石炭・化石館所蔵。
(Photo：安友康博／オフィス ジオパレオント)

学部卒業後、より本格的にクビナガリュウ類の研究を進めるために、佐藤はアメリカ、オハイオ州にあるシンシナティ大学の大学院に進学した。シンシナティ大学で修士論文を執筆し、その後、カナダ、アルバータ州にあるカルガリー大学に移って博士論文を執筆。学位を取得した。2003年のことである。

2003年以降は、カナダの王立ティレル古生物学博物館、北海道大学、カナダ自然博物館、日本の国立科学博物館と所属を変えながら、研究を進めてきた。この間、日本の古生物の中でもとりわけ知名度の高い「フタバスズキリュウ」の研究に携わり、群馬県立自然史博物館の長谷川善和、国立科学博物館の真鍋真とともに、その記載論文を発表した。

フタバスズキリュウは、１９６８年に発見されたクビナガリュウ類である。国民的アニメ、ドラえもんの映画『ドラえもん のび太の恐竜』（１９８０年公開、リメイク版は２００６年公開）に「ピー助」の愛称で登場し、日本を代表する古生物として知られている。

２００６年、佐藤たちの研究によって、〝ピー助〟に正式な学名がついた。

フタバサウルス・スズキイ（***Futabasaurus suzukii***）。

発見から、38年が経過していた。

佐藤を含む12人の博士の半生が書かれた『ビヨンド・エジソン』（最相葉月著）は、佐藤がこの標本を「カレ」と恋人のように呼んでいたエピソードに言及している。

同書から引用をすると、「ほんの冗談のつもりだったのですが、ある記者の方に、オスか、メスかと聞かれて、私が気に入ったんだからオスでしょうと答えたんです」とのことだ。ちなみに、学術的には、この標本の性別についてはわかっていない。念のため。

２００７年、佐藤は東京学芸大学の助教となり、２００８年には准教授となった。「佐藤たまき研究室」をかまえ、古生物学全般をテーマとして学生の指導にもあたるようになった。

そんな佐藤が、久しぶりに穂別博物館を訪ねたのが２０１０年のことである。

クビナガリュウ類の研究で、穂別は外せない

クビナガリュウ類の主たる研究対象は、もちろんクビナガリュウ類の骨化石である。

クビナガリュウ類の骨化石は、アンモナイトなどの無脊椎動物の化石と比較すると、同じ海棲動物であっても、その産出頻度は段違いに低い。そのため、研究者自身がフィールドで探しても、自らの研究対象とするような標本をみつけることができる可能性は低い。

とくに学生の研究テーマとして脊椎動物化石を考えたとき、「自分で研究対象の標本をみつけてくる」ことを研究の条件とすると、それが運良くかなう例はほとんどない。

これは、学生にとってはなかなか大きなハードルだ。

日本において大学学部生の「卒業論文に伴う研究」は、多くの場合で4年次の1年間のみだ。大学院に進んでも、修士論文の場合で2年間、博士論文の場合で3年間が標準である。限られた時間内で研究用の化石を発見するには、よほどの幸運が必要だ。

そんな運まかせの研究を学生にさせるわけにはいかない、というわけで、古脊椎動物の化石を研究テーマとする場合、博物館の収蔵庫に眠る標本が研究対象となることが多くなる。

研究室をかまえた佐藤にとって、自身の研究のためにも、学生のためにも、クビナガリュウ類の

標本を多く所蔵する博物館を訪ねることは必然だった。

そして、クビナガリュウ類を研究するならば、穂別は欠かせない。自身の卒業論文のときに穂別博物館を訪ねた佐藤は、その収蔵庫の状況を良く知っていた。

まず、「クビナガリュウ類のもの」とされる骨化石、もしくは骨化石を含んだノジュールの収蔵数が、他館と比較して圧倒的に多い。しかも、その管理が非常に丁寧なのだ。

標本の状態、発見場所、保管場所などがしっかりと記録されているのである。

「これだけきちんと保管されているし、記録も正確。それなのに研究は進んでいない。穂別博物館の収蔵庫には、絶対に〝良いモノ〟がある」

確信があった。

2010年、自身の研究用と、学生の研究用としての標本を探すために、学生時代以来久しぶりに穂別博物館を訪ねた。このとき、事前に訪問をメールで告げていたところ、学芸員の櫻井が収蔵庫の標本を一部屋に並べて待っていた。

その数、実に20箱以上。

佐藤は、その標本を一つ一つ確認し、写真を撮影し、特徴のメモをとっていった。その作業も終わりに近づいていたころ、最後から数えて2～3個ほどのところで、アマチュア化石収集家の堀田良幸が持ちこんだ標本に出会った。ラグビーボールを割ったようなサイズを中心に大小ノジュールが計7個。その断面には黒い骨が確認できた。

〝何か〟が気になった。

しかし、見えているのはノジュールの割れた面に椎骨の一部が顔を出していただけだ。これだけでは、何とも言い難い。

そうしていると、櫻井が作業部屋にやってきた。

「何か面白いものはありましたか?」

「これらの標本のクリーニングを進めてもらえます?」

佐藤が指定した標本の一つに、堀田の標本が含まれた。

収蔵資料を調査する佐藤。　（Photo：むかわ町穂別博物館）

既視感

1年後の2011年、佐藤は再び穂別を訪ねた。

この年の主たる目的は、研究室の学生のフィールド調査に同行し、その指導をすることだ。「博物館の標本」をベースにして研究を進めるとはいえ、その産地の状況を確認することが大切だ。穂別博物館が所蔵する標本を研究に使う学生を連れて、穂別を訪ねた。

学生指導の空き時間を使って、佐藤自身は穂別博物館へ。堀田の標本を含む、いくつかの標本を再確認するためである。

化石の研究は、一度訪ねて、写真を撮ればそれで終わり、というわけではない。実物がもつ〝重み〟は強く、論文を書くまでに何度も訪ねて、標本を確認する必要がある。

……とはいえ、あくまでもこの年の訪問の主たる目的は、学生の指導だった。滞在は2泊3日の予定である。そのため、標本の確認にしっかりとした長い時間をとっていたわけではない。

滞在最終日。

佐藤は一人、穂別博物館の一室で、〝堀田標本〟を確認していた。1年前とくらべると、専門の技術者によってクリーニングが進められ、ノジュールから露出した骨の面積が増えていた。

佐藤の研究手法は、標本を「じーっと見ること」から始まる。

一見しただけではわからない特徴も、標本を手にとって眺めていると見えてくることが多い。標本を見ながら、頭の中でこれまでに見てきた他の標本や論文と比較する。堀田標本を見て、あれこれ考えているうちに、徐々に違和感が強くなってきた。

嫌な予感がする。

頭の中のデータベースが警鐘を鳴らしていた。そして感じるデジャヴ。

もちろん、クビナガリュウ類の専門家である佐藤が、「クビナガリュウ類の骨」として所蔵されていた骨を見ているのである。「デジャヴ」は当たり前ともいえるかもしれない。

しかし、佐藤にとっての「デジャヴ」とはそれではなかった。脳内データベースのページが次々とめくられる。そして、カナダ滞在時代の経験にたどり着いた。

2006年、カナダに滞在中だった佐藤は、「クビナガリュウ類と誤認されていた恐竜化石」の論文を執筆したことがある。それは、1930年代にカナダで発見された化石で、クビナガリュウ類の尾椎として報告されていたものだった。カナダに滞在した佐藤が改めて調べてみたところ、ハドロサウルス類（科）の恐竜類のものであると判明したのである。佐藤が感じた「デジャヴ」は、まさに自身の過去の研究だったのだ。

そわそわしてきた。

帰路のバスの時刻は迫っていた。穂別から千歳空港に向かうバスは、1日2便。そのバスを逃せば、その日のうちに東京に戻るのは不可能だ。

クビナガリュウ類か、恐竜か。

専門家の佐藤には、その見分けのポイントがわかっていた。しかし、そのポイントがもう少しのところでノジュールに隠れている。穂別博物館の技術者に急ぎのクリーニングを頼もうと思ったが、その場にはいなかった。

急遽、櫻井に許可をとり、自分自身でエアスクライバー（電動のクリーニング道具）を手に取った。見分けのポイントである、尾椎の血導弓をめがけて、エアスクライバーをあてる。

血導弓は、尾椎の下につく小さな骨で、クビナガリュウ類と恐竜類を見分ける一つのポイントとなる。クビナガリュウ類の場合のその形は、「ハの字」のように下部が広がる。一方、恐竜の場合は下部がくっついているのだ。

広がるか、くっつくか……。

クリーニングを進めた佐藤の眼の前に現れたのは、「下部がくっついた血導弓」だった。

肩の力が抜けた。

佐藤が期待していたのは、「珍しいクビナガリュウ類の化石」であることだった。しかしこの瞬間、この標本がクビナガリュウ類のものである、という可能性は消えたのである。恐竜の可能性大である。ため息が出た。しかし、落ち込んでばかりもいられない。

これが本当に恐竜化石であるとすれば、大ニュースである。

情報は慎重に

大ニュースであると同時に「取り扱い注意事項」だった。

まず、佐藤の判断で確定したのは「クビナガリュウ類の化石ではない」ということだった。ハドロサウルス科という恐竜類の可能性はあると考えたけれども、佐藤自身は恐竜化石の専門家ではない。断定はできなかった。

脳裏に浮かんだのは、「エゾミカサリュウ」の例だ。日本の古生物学界では有名な話だ。

それは、1976年のことである。

穂別から北北西に約40キロメートルのところにある三笠市の桂沢湖《からさわこ》から、爬虫類のものと思われる頭骨化石が発見・報告された。このときの記者会見では、この頭骨はティラノサウルス類の新属新種で、推定全長5～7メートルとされ、和名を「エゾミカサリュウ」、学名を「エゾサルス・ミカサエンシス」であると発表された。

　この時点で国内で知られていた恐竜は、サハリンで発見されたニッポノサウルスだけだった。つまり、エゾミカサリュウは国内2例目としてあつかわれた。しかも「ティラノサウルス類」とあれば、当時の盛り上がりは想像に難くない。

　現在でいうところの〝祭り状態〟になった。ティラノサウルスの姿に似た復元が発表された。国は天然記念物に指定し、三笠市は二本脚で立つティラノサウルスの銅像を建てた。また、この発見を契機として市立博物館も建設された。

　しかし、この記者発表が研究者の意図するものではなかったことが、のちに判明する。そもそも、学術論文の発表前に、学名が公表されたこと自体が異例だ。その場合、命名のルールによって、そ

三笠市から発見された「エゾミカサリュウ」の化石。
((Photo：三笠市立博物館)

の学名は無効とされてしまう。さらに「ティラノサウルス類」という言葉は、研究者は「肉食恐竜の例として」挙げただけだった。学術的な分類を指してのものではなかったのである。しかし、行政サイドとマスコミが「ティラノサウルス類の化石を発見」という形で、走り出してしまった。

その後の研究調査で、エゾミカサリュウは「モササウルス類」であると判明した。「モササウルス類」は「海棲爬虫類」である。大きな頭部と長い胴、鰭状の四肢をもつことを特徴とし、白亜紀の海洋世界の覇者として君臨した。

もちろん、恐竜ではない。１９８９年、それが明らかになった。

当時の状況を調べた読売新聞科学部の笹沢教一は、著書『ニッポンの恐竜』の中で「新聞は、モササウルスが別名『海トカゲ竜』と呼ばれることから、『恐竜はトカゲだった』と冷やかした」と書く。古生物学関係者にとっての〝苦い記憶（記録）〟である。

ちなみに、モササウルス類としてのエゾミカサリュウは、その後の研究で「タニファサウルス・ミカサエンシス（***Taniwhasaurus mikasaensis***）」と学名がつけられた。それまで南極とニュージーランドでしか化石が発見されていなかったタニファサウルス属の新種であり、きわめて希少種であることが判明した。つまり、これはこれでとても重要な標本だったのだ。

とにかく、その歴史を繰り返してはいけない。

情報を知る関係者の数は最少で。佐藤は、こっそりと櫻井を作業部屋に呼んだ。繰り返して書いておこう。

佐藤自身はこのとき、クビナガリュウ類の化石ではなかったことに「失望していた」のだ。その様子に、櫻井は訝しがりながらもやってきた。

佐藤は伝えた。

「たいへん残念ですが、これはクビナガリュウではありません。たぶん恐竜の骨です」

瞬間、櫻井は小さなガッツポーズをつくった。

しかし、古生物学者の一人として、おそらく櫻井は佐藤の気持ちを察していたのだろう。クビナガリュウ類の骨ではなかったことに落胆する佐藤を前にして、露骨に眼の前で喜ぶことを避けたように見えた（無意識でガッツポーズをつくったのは、まあ、しかたがない）。

「もう少し喜んでくれても良かったのですが（苦笑）」

佐藤はのちにそう語っている。

バスの時刻が迫っていた。荷物をまとめて帰路につかねばならない。

東京についてから、佐藤は櫻井にメールを送った。正直、クビナガリュウ類ではなくても、佐藤にも興味はあった。しかし佐藤には、その化石を研究する時間はない。もし、佐藤の研究室で進めるということになれば、学生のプロジェクトになる。

正直、もったいない。

そこで、北海道大学にいる小林に相談することを薦めた。なにしろ恐竜の専門家が、今の北海道にはいるのだ。しかも研究室をかまえている。これはかつてなかったことである。

後日、櫻井からは小林に研究を依頼する旨のメールが届いた。

第5章

恐竜化石が出ると思っていた

——小林快次 その1

今や日本を代表する恐竜研究者となった小林快次さん。最近ではフィールドでの化石の発見率の高さから「隼の眼をもつ男」と呼ばれているとか。北海道大学総合博物館准教授。今回の発掘を指揮した人物である。

北海道大学総合博物館小林快次准教授は、恐竜をはじめとするさまざまな脊椎動物の化石を、〝世界の最前線〟で研究している。1年の4分の1から3分の1をフィールドで過ごすという〝野外派〟であり、これまでにいくつもの恐竜化石をみつけ、発掘し、そして研究してきた。

そんな小林が、初めて化石と出会ったのは、中学生の頃だ。

小林のいた福井県福井市の中学校では、授業の一環として「クラブ活動」という単位があった。クラブ活動は部活動とは異なるものとして位置づけられており、さまざまなテーマのクラブの中から自分の好みのクラブを選び、所属することができた。

クラブ活動を選ぶとき、小林は「運動しないクラブ」を探した。すでに部活動では、バレーボール部を選んでいた。

「クラブ活動でも、からだを動かすのは嫌だな」

そこで選んだのが「理科クラブ」だった。小林のクラス担任が顧問を務めるクラブであり、「アンモナイトも三葉虫も採れる」という顧問の言葉にも惹かれた。

クラブ活動は授業の一環ではあるけれども、理科クラブでは「自主参加」の形で、土日を利用して遠方まで化石採集に行った。

あるとき、福井市からバスで1時間ほどの距離にある和泉村で行われた化石採集ツアーに参加した。理科クラブのメンバー以外は、一般参加の親子連れが多数。子供は小学生ばかりだった。

小林たち理科クラブのメンバーは中学生である。中学生といえば、思春期の真ん中だ。小学生が多い空間で、小学生と一緒にワイワイと騒ぎながら化石を探すのは、ちょっと恥ずかしい。正直なところ、気が引けた。

すると、親子連れから歓声があがる。それも一つではない。小学生たちが次々と化石をみつけていった。

それならば、と自分たちも探し出す。

しかし、みつからなかった。

化石採集ツアーは終了となり、帰路へのバスが出発する時刻となった。結局、そのときまで、小林たちは一つの化石もみつけることができなかった。悔しくて、同行していた理科クラブ顧問に頼み込む。

「もう一度、採りにいきたい」

ツアーのバスを先に帰して、改めて化石を探しはじめた。

じっくりと眼をこらし、ハンマーをふるいつづける。

「あ！」

みつけた。アンモナイトだ。

顧問から1億5000万年前のものと、聞いた。

その非現実的ともいえる数字と、みつけたときの興奮そのままに、小林は化石の世界に引き寄せられた。

それから中学校の3年間は化石採集の毎日だ。福井県は〝化石漬け〟を可能とする格好の場だった。

毎日、学校から帰ると自転車をこいで30分。植物の化石を採集しに行った。

土日は、電車で1時間半。アンモナイトの化石を採りにいく。夜明けから日暮れまで。化石を探す生活に、文字通り明け暮れた。

当初、この化石漬けの日々は、理科クラブのメンバーとともにすごしていた。しかし高校受験が近くなると、一人、また一人と、メンバーが去っていく。最後には小林一人だけが残った。

それでも小林は、化石採集をやめなかった。

小林にとって、化石探しは甘美な世界だったのだ。

トレジャーハントだ。

みつけたときの感動は、何ものにも代え難い。

集めた化石は、自分なりにまとめて研究し、理科展に出品した。そこで市長賞をとったことも、全国大会に行って、大学の研究者にコメントをもらったこともある。

気がつけば、アメリカへ

受験勉強らしい勉強はしなかったけれども、高校はなんとか市内の進学校に入学することができた。

高校生になった小林は将来を考えた。

「化石では、将来、飯を食べていけないだろう。化石採集はあくまでも趣味だ」

相変わらず土日の化石採集はつづけていたけれども、自分が化石採集を趣味とすることは、高校では内緒にしていた。

小林は化学にも興味をもっていた。進路は化学へ。いつしか、そう考えるようになった。

しかしこのとき、日本の恐竜研究史は大きな転換期を迎えようとしていた。

1985年、福井県鯖江市在住の女子高校生から福井県立博物館に一つの化石が届けられた。その化石は、1978年に彼女がみつけ、大切に保管していたものという。発見場所は、石川県白峰村（現・白山市）の化石壁。地層は、手取層群。

鑑定の結果、その化石は肉食恐竜の歯だった。

「手取層群」といえば、今日では日本最大の恐竜化石産地である。女子高校生がみつけた化石は、その第1号となるものだった。

翌年、専門家による化石調査隊が組織された。中核となったのは、当時、脊椎動物の化石の研究で知られた横浜国立大学の長谷川善和教授のチームである。長谷川教授は、国立科学博物館の研究員を経て横浜国立大学で教鞭をとるようになった人物で、その業績は幅広い。例えば、フタバスズキリュウの発掘も指揮をとっている。

横浜国立大学と福井県立博物館が共同調査隊を組み、手取層群を本格的に調べてみる、ということになった。このとき、中学校時代の理科展で小林の活躍を知っていた福井県立博物館の学芸員から、連絡があった。

「調査に加わらないか」

化石は趣味以外ではやらない。化学に進む。

そう決めていたのに、小林は誘いを断りきれなかった。

結果として、横浜国立大学と福井県立博物館の共同調査に参加することになった。

まわりはみんな大学生。のちに日本の古脊椎動物研究を支える若手が集まっていた。

小林は化学に進みたかった。

しかし、しだいにまわりがそれを許さないものになっていった。「小林は、横浜国立大学に進学して化石の研究をする」という空気がつくられていったのだ。

結果として小林がとった道は、消極的なものだ。

とりあえず横浜国立大学の地学教室を受験する。しかしきっと不合格だ。落ちたことを言い訳にすれば、望まない地学教室へ進学する必要はない。それを理由として化学の道に進もうと考えていた。

受験の結果は……「合格」。

「どうしよう……」

化学をやりたいのに。でも、表立って自分の意思を周囲に伝えることなく、横浜国立大学に進学した。

戸惑う小林をよそに周囲の動きは加速度的に展開していく。横浜国立大学で学びはじめたばかりの小林に、今度はアメリカ留学の話が持ち上がったのだ。

「アメリカで恐竜を学んでこい」

あれよあれよという間に、まずは、アメリカの英語学校に留学することになった。小林の意思とは関係なく、周囲が場を整えていった。

とはいえ、無料でアメリカ留学ができるわけではない。両親は、決して豊かではない家計から、留学費用を捻出することになった。そうして、アメリカに渡った小林だが、最初の1年間はまったくモチベーションがわかなかった。

「何をしてんだ、俺？」

自分の進むべき道を見失い、自問する日々が続いた。化石は中学生でやめて、化学の道に進みたかったのに、気がついたらアメリカで恐竜を学んでいる。英語も苦手だし、アメリカという国もそんなに好きではなかった。流されるままに、この数年間を生きてきてしまった。

自分探しをしていた中で1年が経過して、帰省感覚で帰国した。そんな折、横浜国立大学の図書館で、なんとなく子供向けの恐竜図鑑を手に取った。

ページを開く手が止まった。

恐竜の絵に吸い寄せられる。色彩・形が豊かな恐竜たちにときめいている自分を感じた。

「ああ、自分の奥底には、恐竜への〝熱〟がある」

炎が灯った。やっぱり化石が好きだ。

流されてきた人生だった。そう考えて、自分が嫌になっていた。

自分が何をすべきかを悩み、そして見失っていた。

考えて、悩んで、煮詰まっていた。そんな中に、感じたトキメキ。ただ単純に、「恐竜って面白いかもしれない」と思った。

そのシンプルな思いを大切にすることにした。

改めて両親に頭を下げ、費用の捻出を頼んで、アメリカに戻った。

一冊の図鑑が契機となった。この機会に自分を変える。そう決心した。一時帰国する前は、遊び半分ですごしていた大学生活。しかし今後は、貪欲に生きることにした。

講義を受けるときは、常に最前列に陣取った。その講義をテープに録音し、夜にはテープおこしを行って、内容を丸暗記する。スポンジに水がしみ込むように知識を吸収していった。

在学中に卒業に必要とされる単位の1・5倍を取得。卒業時には、教室首席となった。大学院はサザンメソジスト大学へ。本格的な研究生活に入った。この間、多くの研究に携わり、その成果の一つはイギリスの著名な学術誌『nature』に掲載された。

あとは博士論文を書くだけとなったころ、福井県立恐竜博物館準備室の研究員公募の知らせが来る。発掘で得た化石を中心に、福井県立博物館が新たな博物館を建てようというのである。

このとき、小林の脳裏に、かつて自分のアメリカ留学を仲介した国立科学博物館の冨田幸光の一言が蘇った。

「せっかくアメリカに渡るのであれば、将来的には帰国して、日本の古生物学発展に貢献してほしい」

その一言が小林の背中を押した。そして、2000年。小林は、福井県立恐竜博物館準備室の職員として帰国した。

北海道に感じた未来

福井県立恐竜博物館は、日本最大・世界有数の規模をもつ博物館として建設された。福井県で発見された恐竜だけではなく、世界中の恐竜の全身復元骨格を展示。さらには、恐竜以外のさまざまな動物の化石も集めている。2000年7月14日に開館し、2年間で来館者数が100万人に達した。現在でも国内屈指の人気博物館である。

小林は、博物館職員として働きながら、２００４年に博士論文を書き上げた。そして、サザンメソジスト大学のＰｈ．Ｄ．の博士号を取得した（日本でいう「理学博士」のような学位はアメリカにはない）。日本人として「恐竜の研究で博士号」を取得したのは、小林が初めてである。

その後、小林は視野を福井の外に広げた。

当時、恐竜化石といえば、福井県が〝最大産出地〟だった。しかし、北海道や九州でも、断続的な恐竜化石発見の報告があった。このうち、北海道に自分の新たな可能性を探すようになる。

小林が北海道に注目した理由は、その研究史と地理にある。

日本の恐竜第1号として、ニッポノサウルスがある。ニッポノサウルスの産地は北海道ではなくサハリン州だけれども、地層としては北海道と連続している。また、北海道はモンゴルやロシア、中国北東部に近かった。こうした地域は、北アメリカ大陸の恐竜たちとの結びつきがあると見られていた。恐竜時代末期、アジアと北アメリカ大陸は、〝ベーリング陸峡〟で陸続きとなっていた。この陸続きの地域で、恐竜たちはどのように暮らし、交流し、進化していたのか。地理的にその中間地点といえる北海道は、そうしたアジアの恐竜研究の基点になるのではないか。

そんな折、北海道大学総合博物館で助教の公募が出た。

北海道大学といえば、ニッポノサウルスで先駆的な研究を行った長尾巧のいた大学である。長尾自身は1943年に故人となり、2000年代半ばの北海道大学では、脊椎動物の研究は盛んではなかった。

それでも大学であれば、自分の学んだ恐竜学を、次の世代に直接伝えることができる。そう感じた小林は、北海道大学総合博物館に籍を移した。

北海道大学にやってきた小林が行ったのは、まずは、自分のことを知ってもらうことである。

北海道には、恐竜化石を産する可能性のある地層として、函淵層群と蝦夷層群がある。しかしその分布域は広く、自分で歩いて恐竜化石をみつけるのは至難だ。第一、函淵層群も蝦夷層群も「海でできた地層」である。そんな地層から恐竜化石がみつかるためには、海まで流されてきた、数少ない個体をみつけるしかない。

幸いにも北海道には多くのアマチュア化石愛好家が暮らし、日々、化石採集を行っている。そして、そうした愛好家と連携をとる博物館も多くある。

いつかは恐竜化石がみつかるかもしれない。そして、みつかったときには、その情報が欲しい。

時間をみつけては、そうした博物館に挨拶に行った。

「恐竜の研究をやっている小林です」

まずは、覚えてもらうことが大切。

小林は思わず立ち上がった

２００７年、むかわ町立穂別博物館の学芸員、櫻井和彦が一つの骨を持って訪ねてきた。

「恐竜の骨かもしれないといわれている標本なのですが……」

たしかに大きな骨だった。たった一つの骨だけれども、長さは30センチメートルをこえていた。

しかし、「大きい」というだけで、恐竜の骨と断定することはできない。断面を見ると、スカスカとしていた。恐竜の骨であれば、もっと緻密である。

それでも数か月は、その標本を預かって折を見て研究を進めた。結果はやはり「恐竜ではない」。

そう告げると、

「……ああ、そうですか〜」

と、標本を回収しに北海道大学までやってきた櫻井は、がっくりと肩を落とした。無念さがにじみ出ていた。

その後４年間、小林が海外の研究者を連れて穂別博物館を訪ねたことはあったけれども、恐竜化石に関する進展はなかった。

転機は突然だった。

2011年9月6日。櫻井から一つのメールが届いた。別の作業に集中していた小林は、とくに意識することなく、そのメールを開く。こう書かれていた。

「見て頂きたい標本があってご連絡しました。本標本は、以前に穂別稲里にて採集されたもので、地層は函淵層群と思われます。標本は分割したノジュールに含まれており、本来は連続していたものと思われ、11から12個ほどの椎骨からなります。クビナガリュウ化石と思い、先日来館された佐藤たまきさんに見て頂いたところ、『ハドロサウルス類の尾骨ではないか』とのご指摘を頂きました」

添付された写真を見て、小林は思わず立ち上がった。

「おおっ!」

写真に写るのは、クリーニング済みの尾椎骨二つとクリーニング途中のノジュールが一つ。ひと目見て「恐竜である」と確信した。状態も悪くない。

これは、見に行かなくては。

すぐに櫻井に返信し、むかわ町訪問のための予定調整をはじめた。

第6章

考えながら、骨を出していく
――下山正美

クリーニング担当の下山正美さんは長く勤めた郵便局を退職し、その後、穂別博物館でクリーニング作業員を務めることになった。それまでは化石とは無縁の人生をおくってきた。他の取材協力者から「縁の下の力持ち」としても頻繁に名前が挙がった人物。

一般に、発掘された化石は、ノジュールや岩石に覆われていることが多い。化石を研究するためには、そうした岩石を取り除いていかなければならない。この作業を「クリーニング」という。

クリーニングの作業は、研究者自身が行うこともある。ただし、クリーニングに必要とする時間は長く、専門の技術者に依頼する場合も少なくない。大学や博物館では、そうした技術者を雇用したり、ボランティアとして採用しているケースがある。

穂別博物館には、その規模としては珍しく、クリーニングの専門技術者を一人雇用していた。それが、下山正美だ。１９５６年生まれ。北海道穂別町（現・むかわ町穂別）出身。

穂別で生まれ、穂別で育った下山にとって、化石は身近な存在だった。近所の家には、町内で採集されたアンモナイトの化石が、ごく普通に飾ってある。それが日常的な風景だった。あまりにも身近すぎて、幼い頃の下山が化石に興味をもつことはなかった。自然の中で遊ぶことは好んだが、化石採集よりも魚釣りなどが好きだった。

町内の高校を卒業した下山は郵便局に就職し、新冠《にいかっぷ》町や早来《はやきた》町（現・安平《あびら》町）などで勤務をつづけ、50歳になったとき、郵便局を退職した。

定年になった、というわけではない。もともと50歳になったら退職する。残りの人生は、まずは1年くらいは悠々自適にすごし、その後は自分なりの有意義な人生を探す。そんなつもりだった。

しかし現実には、食べていかないといけないし、そのための収入は不可欠だ。そこで、地元のハローワークに顔を出すと、穂別博物館が普及員の公募を出していた。

穂別出身の下山にとって、穂別博物館は身近な存在だ。しかし、それまでの人生でとくに化石に興味をもつことがなかった下山は、穂別博物館は「あることは知っている」という程度だった。とくに好んで訪ねた記憶はない。

それでも、この公募を見て、「ちょっと故郷で働いてみようかな」と思い、応募してみた。

しかし普及員の仕事は、他の人物に決まってしまった。もともと急いで仕事を探していたわけではない。

「もう少し、ゆっくりしようか」

そう考えはじめたころ、穂別博物館から電話がかかってきた。

「化石のクリーニングの仕事に欠員が出たのでやってみませんか」

クリーニング？

仕事の内容がまったく思いつかなかった。そんな仕事があることさえ知らなかった。道具に触ったこともなければ、もちろんその道具の使い方もわからない。でも、二つ返事で引き受けた。

「なんだか楽しそうだ」

51歳にして、未知の領域に踏み込むことになった。

華奢な骨化石には、機械は使えない

クリーニング。それは、岩石から化石を掘り出す作業である。

蝦夷層群や函淵層群から産出する化石は、多くの場合で「ノジュール」と呼ばれるさらに硬い岩塊の中に入っている。ノジュールは、化石になる過程でその生物から染み出た成分によってつくられると考えられている。

そんな硬いノジュールから、いかにして化石を取り出すのか？

もっとも基本的な方法は、まず、ノジュールをハンマーで割る。そして、化石の断片が見えた時点でタガネと呼ばれる大型の釘のような道具や、硬さを強化するために焼き入れをした釘そのものなどを使って、丁寧に岩を取り除いていくという方法だ。

ノジュールが硬い場合は、それでも釘などの先端はすぐに丸くなってしまう。そのため、作業を効率的に進めるには、手元に複数個の道具を用意する。丸くなった先端は、あとでまとめて研ぎ、再び焼き入れをして硬くする。

小さな削岩機のような針先を圧縮空気の力で小刻みに振動させて、その振動する先端で掘っている道具（エアスクライバー）や、非常に細かい砂を高速で吹き付けて掘っていく道具（サンドブラスター）を使う場合もある。細部の岩をとり除くときには、ルーペで見ながら、あるいは、顕微鏡をのぞきながら作業をする、ということもある。

穂別博物館に就職することになって、下山は人生で初めてクリーニングをすることになった。学芸員の櫻井和彦からは、ごく簡単な説明があった。また、館内にあった資料も読んだ。万全とはいえないまでも、それなりの知識を蓄えたつもりだった。しかし、やってみると、同じノジュール、同じ化石は一つもない。マニュアルなんてない世界であることを知った。

試行錯誤を繰り返し、自己流のクリーニング技術を磨いた。博物館の収蔵庫には、クリーニングを待つ膨大な量のノジュールがあり、櫻井の指示を受けて優先度を決め、進めていく。

1日5時間、ノジュールに向かい合う日々。

もっとも手こずったのは、モササウルス類の化石だ。モササウルス類とは、白亜紀後期の海洋世界に君臨した海棲爬虫類のグループである。巨大なトカゲのような姿をしていながら、四肢は鰭脚化し、尾の先にも鰭があった動物である。

そのノジュールは、普及員（当時）の西村智弘がもってきた。大きさは長径30センチメートルほど。ノジュールの側面を見ると、骨らしきものがわずかに露出していた。その断面から見るに、どうやら頭骨らしい。櫻井によって、このノジュールのクリーニング優先度は高く設定された。

概してアンモナイトの殻化石とは異なり、脊椎動物の骨化石は壊れやすい。アンモナイトの殻化石は、それ自身が硬い成分でできている上に内部に砂や泥が充填されていて、全体としてさらに硬くなっている。これに対して、骨の場合は内部がスポンジ状になっており、相対的に華奢だ。しかも、頭骨をつくる骨は薄く、構造も複雑である。こうした壊れやすい化石を道具で掘り出すためには、相当な技量が必要となる。

そこで、このときに採用したのは、蟻酸《ぎさん》と呼ばれる酸を用いて、「ノジュールを溶かす」という手法である。蟻酸は合成原料や用材、皮革の加工などに使われる酸だ。

　この酸を使って、化石のまわりのノジュールを溶かしていく。

　ただし、酸が強いと化石自体も溶けてしまう。そのため、蟻酸を薄めて、その液体にノジュールを浸し、ゆっくりゆっくりと溶かしていく。穂別博物館では、３パーセントにまで蟻酸を薄めて使っていた。

　３パーセントの蟻酸にノジュールを浸し、一晩そのまま放置する。

　酸がついたままでは、化石が傷んでしまう。そこで、酸につけた時間と同じ時間、今度は水につけて酸を流す。

　そして、乾燥。見えてきた化石の部分には、保護剤をぬり、再び乾燥させる。保護剤が乾いたことを確認して、また蟻酸につける。

　この作業を２～３回繰り返し、ようやく１ミリメートルほど、化石のまわりの岩を溶かすことができる。つまり、３～４日でようやく１ミリメートルだ。

　根気よく、他の化石のクリーニング作業と並行して、一連の処理を繰り返す。

　クリーニングが進み、骨の露出が増えてくると、今度はその露出した部分を支えることを考えなければいけない。うかつに置いてしまうと、化石自身とノジュールの重みで露出部分を壊してしまいかねないからだ。露出部分を支えながら、いかに効率よく他の部分を酸に浸すかという調整の必要が生じる。この「調整」を考えるのが楽しく、夢中になった。

ちょっとしたパズルのようなものだ。

モササウルス類の化石のクリーニングが終わるまでに2年を要した。この化石は、のちの研究で新種と判明し、学術論文が発表されることになるが、それはまた別の話である。

まさか陸の動物の骨が出てくるとは……

アマチュア化石収集家の堀田良幸が持ちこんだノジュールは、下山が穂別博物館で働きはじめる前から収蔵庫にあった。しかし、優先度はさほど高くなく設定されており、下山がそのノジュールに触れることはなかった。

2010年。クビナガリュウ類の専門家である、東京学芸大学の佐藤たまきが来館した。その来館にあわせて、櫻井が収蔵庫から化石の入ったさまざまなノジュールを出し、並べていく。堀田のノジュールもその中の一つにあった。佐藤が「気になる」と指摘したことから、堀田のノジュールのクリーニング優先度が上がった。このとき初めて、下山の眼の前に堀田のノジュールがやってきた。

ただし、あくまでもクビナガリュウ類の骨化石を含むものとして。

ノジュールは合計7個。小学校の教室の机の引き出しを二回りくらい大きくしたサイズの3箱の木箱の中に、丸みのとれたラグビーボールのようなノジュールの塊が4個、そして、一回り小さなノジュールと破片のようなサイズのノジュールが並んでいた。

下山にとって、初めてのクビナガリュウ類のクリーニングだ。難易度が高いとされる脊椎動物のクリーニングである。だが、今の下山には、モササウルス類のクリーニングを成し遂げた経験もある。約1年かけて、一つの骨の表面をノジュールから出すことに成功した。

2011年8月。佐藤が再び来館したとき、下山は不在だった。聞くと、佐藤自身がクリーニングを進め、その結果、恐竜のものではないか、と

2010年11月に撮影されたクリーニング作業前の標本。　（Photo：むかわ町穂別博物館）

指摘されたという。

「やあ、すごいなあ」

穂別博物館に就職して以来、下山がクリーニングしてきた化石はみんな、海棲動物のものばかりだった。まさか陸の動物である恐竜の骨が出てくるとは思わなかった。

2011年9月。恐竜化石の専門家である北海道大学の小林快次が来館し、恐竜化石と断定した。櫻井が、堀田のノジュールのクリーニングの優先度を、最高ランクに格上げした。

さあ、下山の出番だ。

モササウルス類の経験が生きる！

当初、下山は酸処理を進めることを考えていた。しかし小林の指示で、酸処理は取りやめとなった。酸処理はたしかに壊れやすい骨を露出することに適しているが、実はそれでも骨が傷むことは傷むのである。

小林は、その「傷み」を嫌った。

エアスクライバーやタガネでクリーニングをつづけていけば、多少失敗し、骨を壊してしまったとしても、その断片を接着剤でつければ修復できる。酸で溶かしてしまえば、もう戻らない。慎重さを重視するという意味で、物理的なクリーニングを行うように小林は指示したのである。穂別博物館として初の恐竜化石クリーニングは、かくして手作業で進められることになった。

この時点でノジュールから顔を出していた骨の部分は、風化がひどく、触るだけでも壊れそうなくらいもろかった。

最優先は、その保護だ。

保護剤をスポイトで骨にしみこませる。少し時間が経過すると、保護剤は骨の内部まで浸透して、骨が強固になる。浸透したら、またスポイトで保護剤を垂らす、という作業を半年間繰り返した。

そうして骨が硬くなったら、エアスクライバーやタガネで掘り出していく、ときにはルーペの下で作業にのぞみ、かかった時間は約1年間。7個の骨があらわれた。変形もほとんどなく、綺麗に並び、たがいに関節でつながった。

希に見る美しい標本である。

2013年7月17日。この尾骨の標本を使って、第1回の記者発表が行われた。

情報解禁。いよいよお披露目だ。会場となった穂別町民センターつつじホールには、テレビ局5社、新聞社6社の記者やカメラマンが押し寄せた。

これを機会に、注目はいっきに高まることになる。

クリーニング作業は、一日中やっていると指先が痛くなる。腱鞘炎の恐れもある。ルーペ越しの

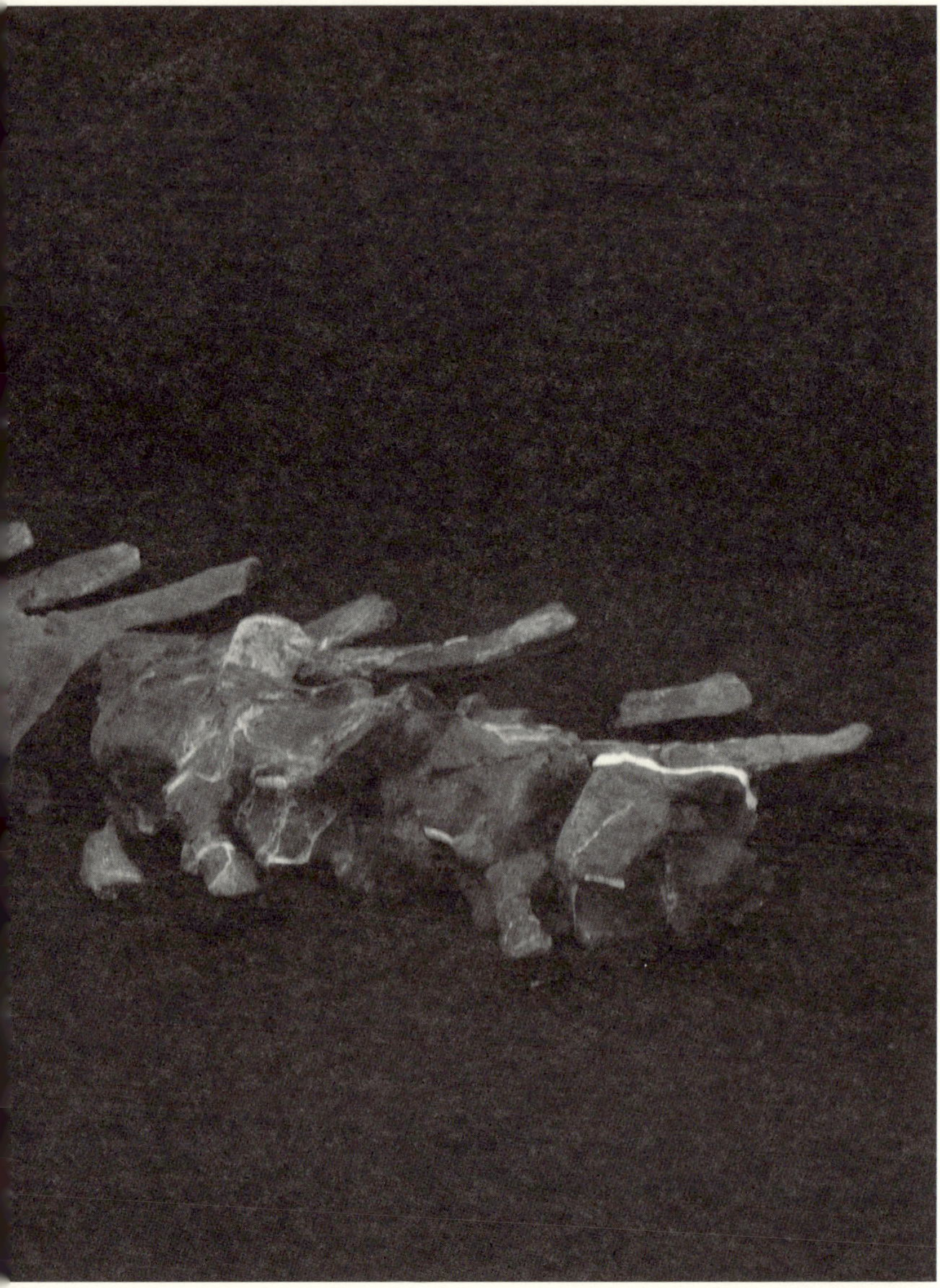

（Photo：むかわ町穂別博物館）

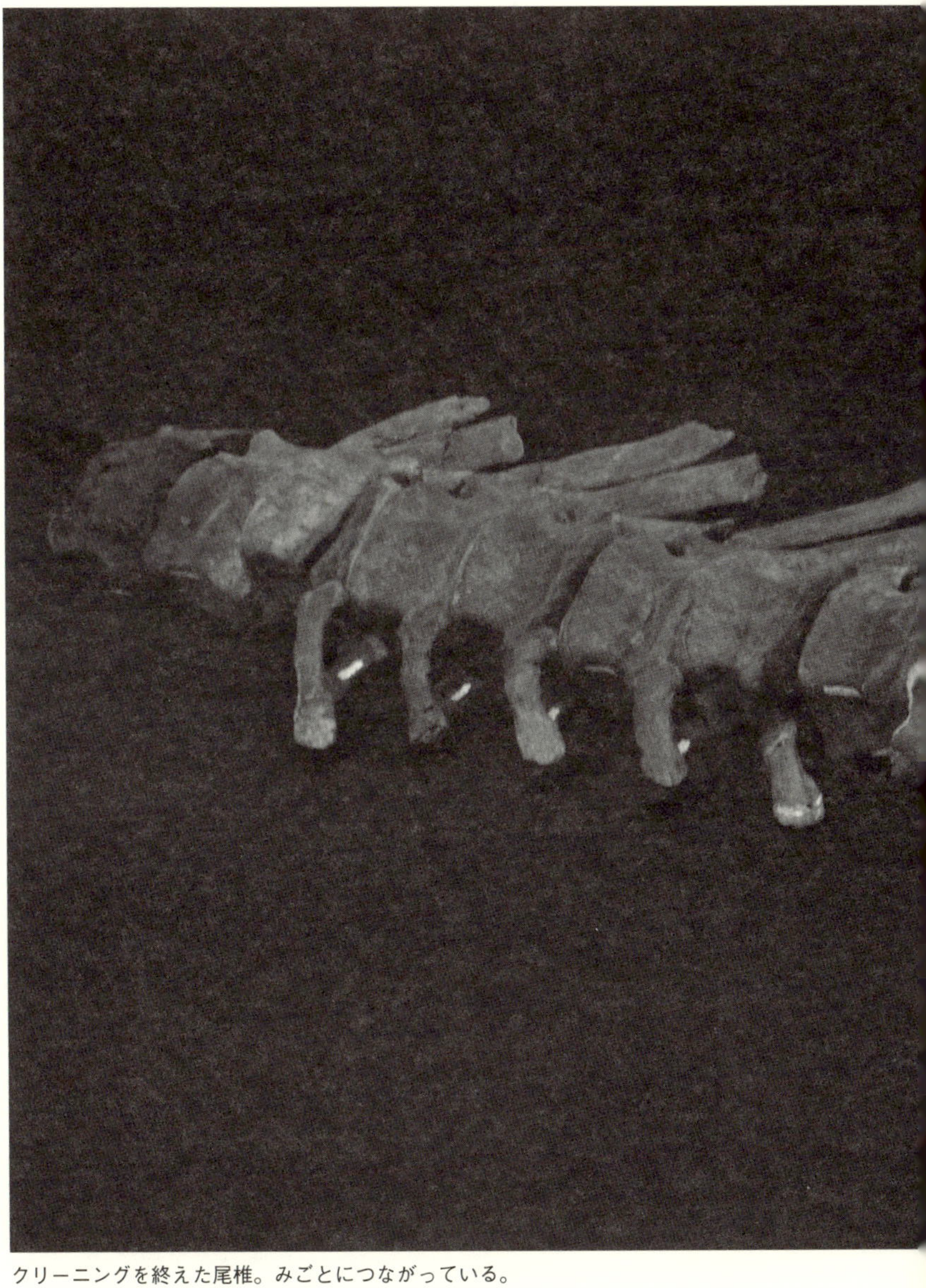

クリーニングを終えた尾椎。みごとにつながっている。

作業で、肩もガチガチにこってくる。

「それでも早く出してやりたいしさ」

郵便局を辞めて、「故郷だから」とこの仕事についたとき、ここまで注目を受ける仕事になるとは思っていなかった。体力の必要な仕事である。齢60が近い身には、結構ハードだ。それでも、試行錯誤を繰り返しながら、化石を出していくこの仕事がおもしろくてたまらない。

「もっと早くこの仕事に出会っていたかった。生まれ変わってもまたやりたいね」

そう言って、下山は笑顔を見せる。

第3部

発掘

第1章 化石を発掘するとは

化石「採集」と、化石「発掘」。

この二つの言葉は、その結果だけに注目すれば、やはりよく似ている。すなわち、作業が終了したのちには、化石が手に入る。

しかし両者は似て非なるものだ。

アンモナイトなどの無脊椎動物の化石を研究する場合は、化石「採集」が主である。地層が地表に露出している「露頭」と呼ばれる場所を探して歩き、その露頭に顔を出しているノジュールを採集し、その内部のアンモナイトなどを取り出して（クリーニングして）、研究の素材とする。

化石採集は少人数で行うことが多い。北海道をフィールドとする場合、ヒグマも生息しているのであまり褒められたことではないが、一人で山中を歩き回りながらの調査・化石採集も普通に行われている（少なくとも筆者の学生時代は単独行動が基本だった）。

基本装備は、ハンマーとタガネ。人によっては、ツルハシや大型ハンマーなどが加わる。

掘り出したノジュールは、多くの場合はその場で割る。この割り方にもコツがあり、慣れるまではうまく割れなかったり、ノジュールの一部が欠けるだけだったりする。「パーン！」という気持ちの良いハンマー音とともに化石が顔を出すようになるには経験が必要だ。そうして、内部に化石があるかどうかを確認したのち、新聞紙などで包装し、標本番号をつけて、背嚢《はいのう》にしまいこむ。

意外と大掛かりな作業

一方の化石「発掘」は、一人では決してできない。それなりの組織と計画をつくり、チームとしての作業を進めることになる。主として、大型の脊椎動物化石がターゲットとなる。

まず、大事なことは予備調査だ。これは、地質学の知識をもったメンバーをともなった少人数で行われる。

予備調査では、これから狙う化石が、どのように地層に埋まっているかを把握する。地層が水平に堆積していれば、話は簡単である。掘るときも広く掘っていけば、化石が見えてくる。しかし、地層が傾斜していたり、曲がっていたり、断層があったりすれば、まず、化石のおおよその位置のアタリをつけなくてはいけない。地殻変動の激しい日本においては、おおむね後者が〝普通〟である。とくに古い時代の地層は水平ではないことが多い。

発掘にあたっては、とにかく人手が必要となる。発掘を指揮する研究者の他にも、掘り出すための戦力としての人員が必要だ。そうした人員としては、ボランティアとして大学生が参加するケースも少なくない。

もしも本書を読んでいるあなたが地学を学ぶ大学生で、発掘に興味があるのであれば、自分自身でそうした情報を収集するとともに、自分の大学の教官にそうした発掘計画が全国のどこかで企画されていないかどうかを尋ねてみるといい。ひょっとしたら、古生物学者のネットワークを通じて募集がかけられている可能性もある。「ボランティア」とはいっても、宿も食事も用意されていることが一般的だ。場合によっては、多少なりとも給料がでることもある。

発掘が始まれば、重機も投入される。油圧ショベルなどを使えば、その労力はいっきに軽減する。見渡す限りの荒野で、寝そべって刷毛を使いながら化石を出す。そんな発掘をイメージしているとしたら、日本においてはそれは通用しない。そもそも地層が斜めになっている場合が多いし、往々にしてその地層は硬い。

北海道の蝦夷層群や函淵層群の例でいえば、その地層の大部分は「頁岩《けつがん》」と呼ばれる「泥が固まった岩石」で構成されている。泥とはいえ、カチコチに固まっており、場所によっては、ツルハシの先端がしだいに曲がってくるほどの硬さがある。人力で掘り出すには限界があることがわかるだろう。

重機でおおよその場所まで掘り込み、その先はドリルなどの削岩機を用いてさらに化石にせまっていく。そして、ある程度まで掘ったら、やはりツルハシやハンマー、タガネの出番となる。

化石、もしくは、化石を含んでいると思われるノジュールをみつけたら、周りの岩石ごとごっそりと取り出すのが基本だ。現場でノジュールから化石を露出させることはない。そうした作業は、研究室に持ち帰ってからだ。現場ではとにかく「まとめて持ち帰る」ことにする。

運搬中に破損しないように、化石、もしくは、化石を含んでいると思われるノジュールを含む岩石は、その場でがっしりと固められる。多くの場合、それには石膏が使用される。麻布に石膏をしみこませ、その布を岩石のまわりに貼り付けていくのだ。石膏の乾燥は速い。みるみるうちに固まってカチコチになる。ちなみに作業にあたったスタッフも石膏まみれになることがよくある。手はもとより、からだのそこかしこに石膏は飛び散る。そうした石膏は乾燥するとパラパラと落下する。石膏をあつかった場合、車の中や宿の中に気をつけないと、白い破片がやたらと落ちて汚すことになる。

一連の作業は、詳細に記録される。どの場所に、化石やノジュールがどのように分布していたのか。岩石ごと取り出した際に、その塊のどちらが上を向いていたのか。どのような位置にあったのか。

その記録は、のちのち生態その他を解明する際に重要な手がかりとなる。

化石を研究する古生物学は「科学」だ。そして、「科学」には、きちんとした記録が欠かせない。何をするにしても、微に入り細を穿《うが》つような記録が、データとして必要になる。

石膏で固められた岩石は、丈夫にはなったけれども、当たり前に重い。数百キログラムをこえることさえある。とても人力で運べる重さではなく、トラックなどの専用の運搬車が必要になる。そうして、博物館や大学などの収蔵庫へと運ばれていく。

化石「採集」も、化石「発掘」も、それだけで研究が終わるわけではない。

むしろ、ここからが本格的なスタートだ。岩石を除去するクリーニングという作業を進めて、化石を露出させていくのである。

そして、化石が露出すると、次は「研究」ということになる。しばしばクリーニング作業には長い時間を要し、恐竜のような大型脊椎動物化石の場合は、数年単位になることも珍しくない。

第2章

北海道として例がない

——櫻井和彦 その2

〝堀田標本〟は恐竜化石かもしれない。

2011年8月。東京学芸大学の佐藤たまきの指摘を受けて、穂別博物館の櫻井和彦は、専門家探しを始めた。櫻井自身も脊椎動物の化石を研究した経験はあるけれども、それは新生代の鳥類だった。中生代の恐竜化石は専門外である。

日本国内にいる複数の研究者の名前が候補にあがった。

恐竜化石を研究している、あるいは、研究したことのある大学や博物館の関係者は国内に10人以上いる。いったい誰に研究と発掘の指揮を依頼するべきか。

……とはいえ、その検討に時間はかからなかった。佐藤が指摘したように、北海道大学総合博物館に小林快次がいたからだ。幸い、「恐竜ではないか、と言われていて、恐竜ではなかった化石」の際に面識もあった。

小林ならば国内外の発掘の経験もあり、世界の最前線で恐竜を研究している専門家である。なにより北海道大学のある札幌は、穂別から約2時間と〝近い距離〟だ。

大本命である。

「見て頂きたいものがあります」

2011年9月6日。櫻井は、小林に写真を貼付したメールを送った。すると小林からほどなく「直接見たい」という返信がきた。

さっそく来館した小林はその化石を見て、植物食恐竜ハドロサウルス類（科）のものである可能性が高いと指摘した。「おめでとうございます」と小林は、笑顔で祝福した。

小林によると、この段階でさらに三つのことがわかるという。

一つ目は、骨の状況からこの標本は亜成体から成体のものであるということ。

二つ目は、北海道大学所蔵のニッポノサウルスの標本と比較すると、一回り以上大きいということ。このとき、全長値は6〜7メートルに達するかもしれない、ということが指摘された。

三つ目は、保存状態が極めて良いということ。これだけ保存が良ければ、現地にもまだからだの他の部分が残っている可能性があるのではないか、という。この日、確認のために、小林は標本をいくつか持ち帰った。

そして、11月10日。再び小林がやってきた。

「やはり、ハドロサウルス科のものでしょう」と小林。

単純に「恐竜の化石」というよりも、「ハドロサウルス科のもの」とグループが特定された方が、そのイメージが俄然湧いてくる。このとき、小林は、関節した状態で発見された例が国内では珍しいということなどを指摘した。

この日、小林を含む数人のメンバーで、発見者である堀田良幸とともに現場を訪ねた。草に覆われ、ところどころ崩壊した林道を進む。林道にカランコロンとクマ鈴の音が響く。30分ほど歩くと、40度の急斜面が見えてきた。その崖をのぼり、露頭を削る。

堀田が採集したときの記憶と、穂別博物館の西村智弘が行っていた事前の調査から「およそこのあたりに埋まっているだろう」というアタリをつけた。

やがて、黒い小さな骨の断片がみつかった。

小林が笑顔になる。発見だ。この発見で、まだ現場には多くの骨が残っている可能性が高いことが判明した。

二日後、櫻井たちは再び現場を訪れて、みつけた化石をアクリル系樹脂で保護し、その後に再び土の中へと埋めた。

北海道の長くて厳しい冬が本格的に始まろうとしていた。続きは雪が解け、春が来てからだ。

秘匿名「稲里化石」

恐竜化石があると確定したが、小林の助言で報道発表は控えることにした。

報道され、万が一にでも場所が特定されてしまえば、残念ながら盗掘の恐れがあった。野外のフィールドは、四六時中監視をするわけにはいかない。

ここからがたいへんだった。

現場は道有林だ。すなわち、北海道が管理する土地である。勝手に発掘をしてよい場所ではない。そして、何よりも現場は道道から約2キロメートルも進んだ山中だ。途中までは未舗装の林道があるものの、その林道でさえ入口付近の沢で分断され、長らく手がつけられていない状態だった。発掘のための重機が、現場まで進むことができないのだ。

櫻井は発掘計画を立案し、道有林を管理する北海道胆振《いぶり》総合振興局森林室を訪ねた。穂別から自動車で1時間半。これまでも化石の調査を申請するために何度か訪ねていた苫小牧市の事務所である。

ただしそれは、アンモナイトなどの化石を人力で回収してくるというものであった。

今回は勝手がちがった。なにしろ、重機をもちこんで、山を崩し、掘り下げての発掘計画である。計画書を受け取った担当者は、なんともいえない困惑した顔になった。

「北海道としては前例がないので、正直どう対応したら良いのかわからない」

道有林の管理者にとって、「恐竜化石の発掘」は未経験だった。

それでも打ち合わせを重ねて「林道斜面の改修」という扱いで、関係各所と調整することになった。

2012年5月。北海道に遅い春がやってきた。

小林とともに再び発見現場を訪れた。このとき、秋に保全処理を行った椎骨の他にもう一つ、新たな骨を発見した。崖の中にはまだまだ多くの骨が眠っている。

恐竜化石の発見となれば町としてはかなりの大事だ。いわゆる「町おこし」の起爆剤にもなるかもしれない。櫻井は、恐竜化石の発見を、町長にまで報告した。

当然、大きな反響が返ってくると思っていた。

しかし、思ったほどのリアクションは得られなかった。

「またか」と思われているのかもしれない。

クビナガリュウ類と混同されている可能性を櫻井は疑った。なにしろ、穂別では「ホッピー」が発見されている。他にも名前はついていないにしろ、クビナガリュウ類の化石はよくみつかる。クビナガリュウ類と恐竜類を混同しているのであれば、たしかに今回の発見は「新発見」としては認識されていないかもしれない。

本書で何度も指摘してきたように、クビナガリュウ類と恐竜類は、同じ爬虫類ではあるけれども、まったく別の動物群である。

しかし、両グループは混同されることは実際に多い。

また、小さな頭と長い首、長い尾をもった四足歩行の植物食恐竜である「竜脚類」というグループを「クビナガリュウ類」と呼ぶ人々も少なからずいる。

しかし、クビナガリュウ類と恐竜類はまったく別の動物群である。混同は明確な誤りだ。クビナガリュウはクビナガリュウ。恐竜は恐竜なのだ。

かくして記念すべき恐竜発見の第一報は、現場の興奮ほどには注目されなかった。

しかし、やはり警戒は続けなければならない。関係者が最も恐れていたのは、盗掘である。場所が特定され、掘り起こされてしまうことを恐れた。個人の収集品となり、研究できないことを恐れた。地質学や古生物学の知識をもたない人物によって、現場を荒らされてしまうことを恐れた。発掘の専門知識と技術をもたない人物によって、化石を破壊されてしまうことを恐れた。

情報は「秘中の秘」とすべきだった。櫻井が町長に報告した文書は「秘」扱いとされた。

そして、この化石については公式発表まで「恐竜」という言葉を使うことをやめ、発見場所の地域名から「稲里《いなさと》化石」という仮の呼び名がつけられた。

２０１３年に発掘を開始することを目標に、櫻井は関係各所と稲里化石の手続きを進めていった。北海道胆振総合振興局森林室からは、「林道斜面の改修」の許可を取った。ただし、「改修」という作業には、発掘のための樹木の伐採と、発掘が終了してからの植林という作業も含まれていた。

そこで現場を訪ね、発掘作業をするために伐採しなければいけない樹木を特定することになった。サイズを１本ずつはかって記録を行い、本数を数えた。その結果、２２８本が伐採予定とされた。こうした情報をもとに、９月27日に発掘調査の許可が正式におりた。

このとき、「発掘調査業務」として、４段階の作業が計画された。第１段階は、道道から現地までの林道を重機が通れるほどに整備をすること。現場までトラックや重機が進めるだけの道を整えなくてはいけない。もちろん、発掘のメンバーも、毎日約２キロメートルを歩いてから作業をしていたのでは、時間面でも体力面でもロスが大きい。スタッフの移動のためにも数台の自動車が行き来して、そして駐車できるスペースが必要だ。

もちろん、現場ではそうした「車のためのスペース」だけではなく、休憩所などの設置、ある程度の作業をするための広場も必要になってくる。

第2段階は、樹木の伐採。第3段階が、発掘調査である。そして、その後、植栽をして復旧することが計画された。

小林に発掘計画の指揮を依頼したものの、小林は世界中を飛び回ってフィールド調査を進める研究者である。その都合で、発掘できる期間は限られていた。

計画の第1段階と第2段階は早めに終える必要があった。小林が日本国内にいることが確定していた9月までに、すべての準備を終えなければならない。

そして、発掘が終わったのちの第4段階として、現場に再び植栽することが義務づけられた。

こうして計画を詰めていくうちに、また北海道の冬がやってきた。

そして、発掘

2013年4月。

雪解けを待って北海道胆振総合振興局森林室による現場の調査がなされ、新たに22本の樹木が伐採計画に追加された。

役場への報告書、重機をあつかう業者との契約書など、書類に追われる日々が続く。そうした中で、役場内でもようやく「稲里化石」の認知度があがってきた。

森林室による現場調査のようす。　（Photo：むかわ町穂別博物館）

クビナガリュウと恐竜はちがう。

繰り返し説明をしていくと、正しい知識度が周知されるようになっていった。

「もしも全身を発見、発掘、回収できれば、町の財産になる」

町からの支援は、博物館の予算にあらわれた。発掘に関することは、全面的な支援が約束されたのである。

6月。いよいよ計画の第1段階である林道の整備が始まる。

7月14日。現場入口のゲートに施錠がなされ、関係者以外立ち入り禁止の看板が立てられた。

そして、7月17日。実に11社の報道機関が参加しての記者発表が行われた。このときから「恐竜化石」の情報が対外的にオープンとなった。あわ

林道整備のようす。
(Photo：むかわ町穂別博物館)

せて、博物館でもミニ企画展をスタートさせた。本格発掘までの1カ月半、博物館職員が現場確認のために定期的に巡回を行うことにした。

そして、2013年9月2日。第一次発掘調査を開始。

現場の指揮は小林が執り、西村がそのサポートにまわった。櫻井が担当したのは、マネジメントなどの事務作業である。

発掘には北海道大学の学生など、多くの人々が参加することになった。

ここで課題となったのは、その宿泊施設である。実は穂別には大型の宿泊施設がない。しかし、発掘現場からあまり遠い場所の宿泊施設では、現場との往復だけでも時間をとられてしまう。日中の時間はできるだけ発掘にあてたい。

櫻井は町の教育委員会と交渉して、高校の寮をそうした学生のための宿として借りた。

櫻井自身は、報道関係者や役場職員、議会の視察などへの対応に追われた。のちに思い返すと、櫻井は発掘期間中、発掘現場から離れていることも多かった。

第一次発掘は10月5日に終わり、また、報告や発表などの〝事務作業の冬〟がやってきた。関係各所や学会での報告を終え、調整を進めているとあっという間に春がすぎ、夏が終わり、初秋となる。

2014年9月4日。第二次発掘を開始。

櫻井は再び、マネジメントを担当した。発掘が進むと、町役場の職員をはじめ、北海道胆振総合振興局森林室の職員や多くの視察が訪れるようになった。

櫻井はそうした外来客に対応する一方で、現場の記録係も担当することになった。どの化石がどの場所からどのように発見されたのか。一つ一つ、その記録をつけていく。1年目よりも現場にいることが多くなった。作業は順調に進んだ。

早く掘り出して、研究を進めたい。全身復元骨格をつくり、博物館に展示したい。

「昔、本当にこいつがいたんだ。そのことを多くの人に感じてもらいたいです」

櫻井は、眼をキラキラさせながらそう話す。

発掘調査スタッフ。2013 年 9 月 13 日撮影。
（Photo：北海道大学・むかわ町穂別博物館）

第3章 全身があるか?——小林快次 その2

北海道大学総合博物館の小林快次は、〝慎重な研究者〟だ。

むかわ町穂別博物館の櫻井和彦から送られてきたメールに添付されていた写真をひと目見て、それが恐竜の骨であると確信した。しかし、その興奮のままに、情報を口外することはしなかった。

恐竜の化石が出た。

その情報を研究者の間だけで秘匿とすることはなかなか難しい。外部に漏れれば、メディアが飛びつき、行政サイドも動きはじめる。町をあげての騒ぎとなる。

だが、もしも、そんな騒ぎの中で、化石が恐竜のものでなかったとしたら……。その〝ダメージ〟の影響範囲は計り知れない。そのため、小林は重要な情報ほど口が重くなる。

2011年9月20日。

小林は穂別博物館を訪ね、アマチュア化石収集家の堀田良幸が採集したという標本を見た。

なるほど、これは恐竜の化石だ。ハドロサウルス類(科)のものである可能性が高いだろう。

しかし、やはりきちんと確認したい。2点の標本を借り受けて、大学で分析をすることにした。

角竜類か、ハドロサウルス科か

〝堀田標本〟は恐竜の化石である、と断定するためにはどうすれば良いのだろうか？

標本の種類を特定していく作業を「同定」という。小林が重視したのは、「恐竜である」という同定ではなかった。「どんな恐竜なのか」というレベルの同定である。

例えば、ハドロサウルス科の恐竜であると同定できたとする。

ハドロサウルス科というグループは、鳥脚類というグループに属している。もしも、「ハドロサウルス科の恐竜である」という同定が誤りであっ

2011年9月20日。来館した小林は標本を手にとった。　（Photo：むかわ町穂別博物館）

ても、その上の階層にあたる「鳥脚類の恐竜である」という同定が誤りである可能性は低い。
鳥脚類は、鳥盤類というグループに属している。「鳥脚類の恐竜である」という同定が誤りである可能性が低ければ、「鳥盤類の恐竜である」という同定が誤りである可能性はもっと低い。ほぼ確実といえる。

鳥盤類は、恐竜類を構成する2大グループの一つだ。すなわち、「鳥盤類の恐竜である」ということがほぼ確実ならば、その標本が「恐竜である」ということは、もはや〝前提条件〟となる。

初対面の人物の出身地域を特定する推理ゲームのようなものだ。「日本出身」であるということを特定するにはどうすれば良いのか？「日本出身かもしれない」というレベルの特定では、ひょっとしたら、中国出身かもしれないし、韓国出身かもしれない。

しかし、その人の話す言葉のイントネーションや方言などから、「関西地方の出身かもしれない」ということまで特定できれば、ひょっとしたら中国地方や中部地方の出身かもしれないが、「日本出身」である可能性は高い。

その人の台詞に「お好み焼き」や「串カツ」、「たこ焼き」などのキーワードが出てくれれば、「大阪の出身かもしれない」ということになる。その場合は、実際には大阪の出身ではないかもしれないが、関西地方の出身である可能性は高く、もはや日本出身であることは前提となる。

小林は、たった2点の借り受けた標本からでも、可能な限りの同定を進めようと考えた。

しかし、すぐに壁に直面する。

堀田標本は、尾の骨（尾椎）だった。しかし、尾椎に注目してくわしく書かれている論文がほとんどなかったのだ。それでも、情報を探すうちに、こんな一文に出会った。

「ハドロサウルス科の尾椎は、その断面が六角形である」

なるほど。堀田標本も六角形だ。では、ハドロサウルス科の恐竜と断定して良いのだろうか。

しかし、その一文には続きがあった。

「ちなみに、角竜類の尾椎の断面も、その断面は六角形である」

角竜類とは、北アメリカ大陸のトリケラトプス（***Triceratops***）に代表される四足歩行の植物食恐竜グループだ。頭部のツノと、後頭部に発達するフリルが特徴である。

ハドロサウルス科か、それとも角竜類か。

……どっちだ？

頭を抱えた。

尾椎の大きさから、小林は堀田標本の主の全長は6～7メートルと推測していた。アジアでは、この大きさの角竜類の化石は発見されていない。

そう考えると、やはりハドロサウルス科の恐竜である可能性は高い。しかし、角竜類である可能性を100パーセント排除することはできなかった。

そこで世界中の研究者に連絡し、ハドロサウルス科の尾椎の写真を送ってもらった。それらの写真から、尾椎の幅と高さ、そして尾椎の上下にある突起の長さの比率を採り、グラフ化していく。

すると、ハドロサウルス科の尾椎には一定の傾向があることがわかった。そして、堀田標本は、その傾向にのったのだ。

「よしっ。ハドロサウルス科だ」

11月10日。

小林は、穂別博物館に堀田標本を返却する際に、その確定情報を伝えた。ハドロサウルス科というところまで同定できたのであれば、もはや恐竜の化石であることは疑いようもなかった。

しかも堀田標本には、そうして集めた世界のハドロサウルス科の標本写真にはみられない特徴があった。ひょっとしたら、新種かもしれない。

尾椎だけでどこまでいけるか。小林にとってもチャレンジの1カ月半だった。

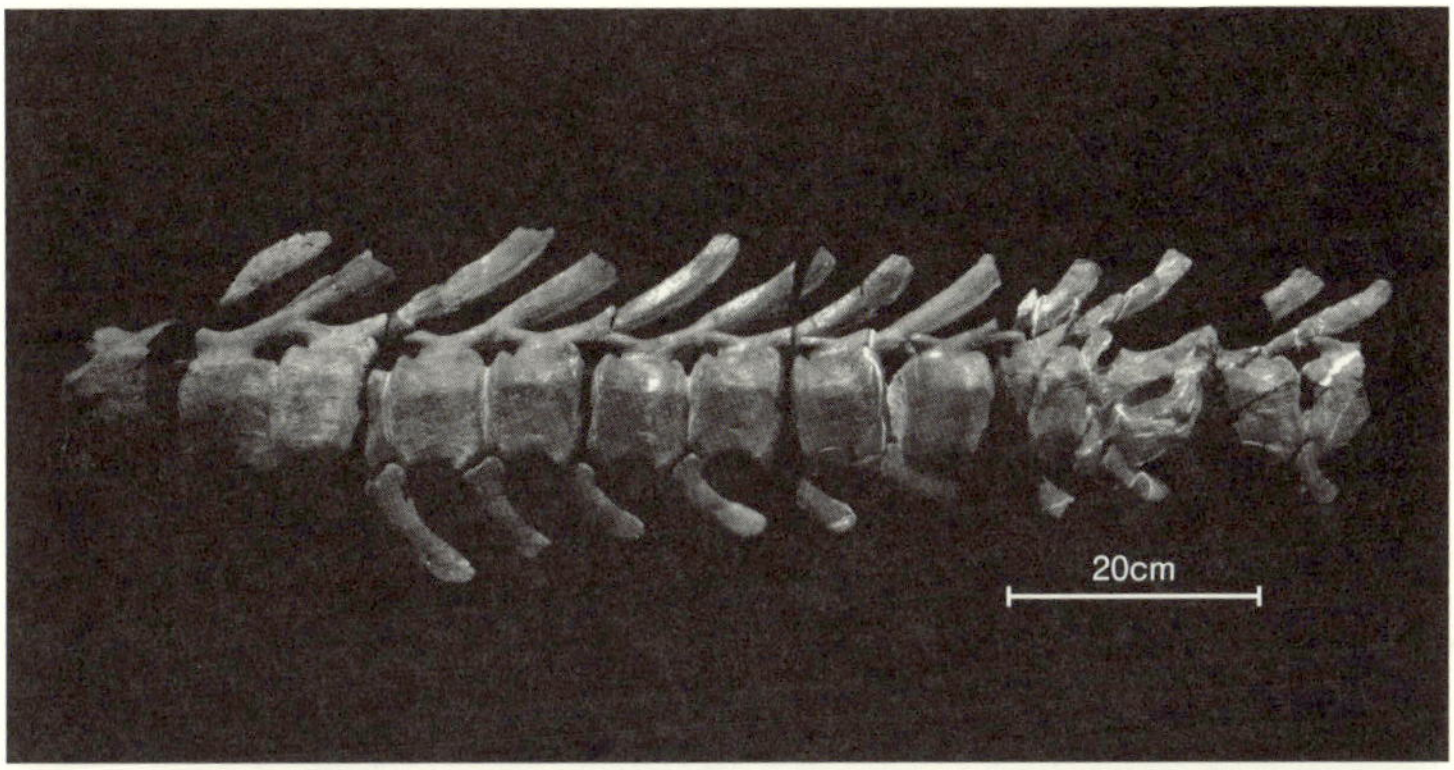

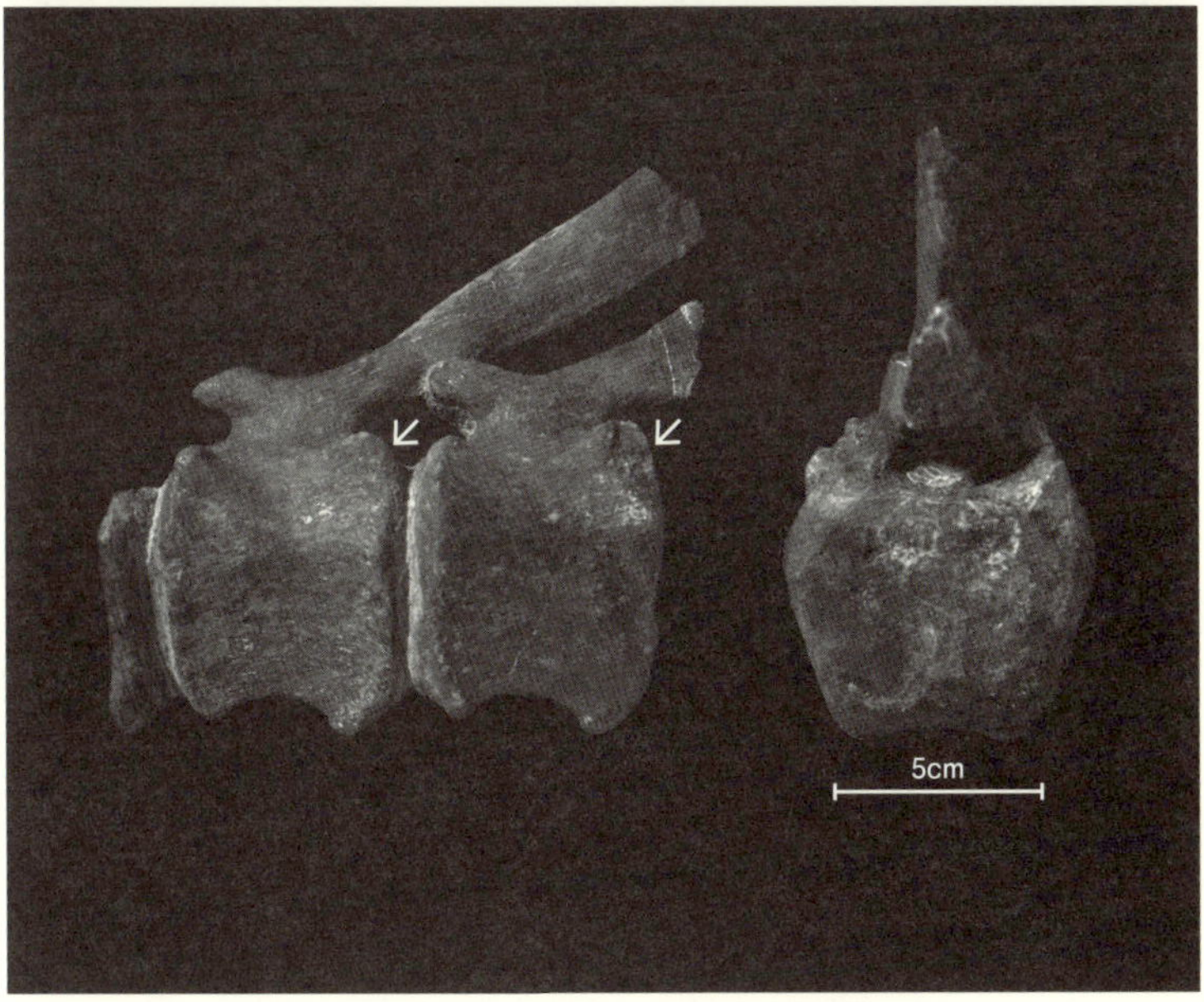

一連の尾椎骨（上段）と、その拡大（下段）。白い矢印が指す突起は、
これまでに知られているハドロサウルス科には、見られない特徴であるという。
（Photo：むかわ町穂別博物館）

どう考えても、尾椎だけではないだろう

堀田標本は、関節していた。

尾椎が「一つだけみつかった」というわけではない。まだ、すべての骨のクリーニングが終わったということではないけれども、連続した骨があることは明らかだった。

9月に訪問した際に、櫻井を通じて発見者の堀田良幸に確認した。

「現場にまだ他の化石があったのでは？」

堀田の答えは「否」だった。しかし尾椎が連続している、ということは、その先も連続して存在するのではないだろうか？　その考えを捨てきれなかった小林は、11月10日の標本返却時に堀田の案内で現場を訪ねた。

林道から2キロメートル。今にも降り出しそうな曇天の下を、クマ鈴を鳴らしながら歩いていく。同行者は堀田の他に、櫻井と穂別博物館の西村智弘、下山正美。

「ほら、先生。ないでしょう」

堀田が8年前に化石をみつけた場所を指し示した。

たしかにない。しかし小林には予感があった。

2011年11月10日の調査のようす。続きの骨化石が確認された。
（Photo：むかわ町穂別博物館）

堀田に具体的な場所を尋ね、その周囲の地層を少し削る。黒いシミが見えた。

骨だ。

「ここにありますよ！」

指し示す。しかし、メンバーは首を傾げた。

無理はない。

北海道の化石といえば、アンモナイトであり、アンモナイトの化石は大抵においてはノジュールに入っている。アンモナイトだけではない。これまでに発見されているクビナガリュウ類の化石も、そして、8年前に堀田がみつけたハドロサウルス科の尾椎も、ノジュールに入っていた。

しかし、小林が指し示した骨は、ノジュールに入っておらず、むき出しのまま、地層に埋もれていたのだった。しかも、その質感はまわりの岩石と大差ない。ノジュールに慣れた眼では、気づかないのも無理はない。

「まだ、地層の中にもありますね」

それが小林の判断だ。思わず、笑顔になった。

ただし、笑顔の下で小林は、この先の作業が困難なものになるであろうことを、すでにこのとき確信していた。むき出しの骨化石は、グズグズの状態だった。触れたら崩れそうだ。まわりの地層よりも明らかにもろい。

仮にむき出しの状態であっても、地層をつくる岩石よりも硬ければ、作業はやりやすい。岩石をとりのぞけば、自然に化石だけが残る。しかしその逆であった場合、岩石をとりのぞく過程で、化石も壊れてしまう可能性がある。

発掘は周囲の岩石ごと掘り出すことが大前提。その後、研究室で慎重に化石を削り出すべきだった。いずれにしろ、今日この日に作業をすすめるべきではなかった。化石の有無を確認するためだけに来たので、壊れやすい化石を保護するための道具を持ち合わせていなかったのだ。

折しも空が泣き出した。

ひょっとしたら、この雨水によって、化石が崩れてしまうかもしれない。

そして、11月である。雪の季節はすぐそこだった。

「続きは来年にしましょう」

化石の表面に泥をかぶせて、現場をあとにした。

尻尾の先か、それとも胴体側か

2012年5月15日。

雪解けを待って、再び現場を訪れた。このとき、さらなる発見を確信していた小林は、NHKの取材班に声をかけていた。

「もう少し掘れば、絶対に〝続きの化石〟が出る」

その瞬間を映像記録に残そうとしたのだ。

ただし、この段階でも小林が確信をもてていないことがあった。それは、地層中に眠るのが、尻尾の先なのか、それとも胴体側なのか、ということである。

全身があるか？

堀田がみつけたのは尻尾の骨である尾椎で、前年の調査では続きである黒いシミは確認できたものの、それがどんな骨なのかはわからなかった。堀田がみつけた標本の尾椎は、大きさなどから考えて、おそらく尻尾全体の中程であると推察された。

現場の露頭は急斜面の崖で、手前には沢が流れている。もしも、地層中に眠っているのが、尾椎の先端部分だった場合、からだの大部分は、沢に削られてなくなっている可能性が高い。このハドロサウルス科の化石は、「関節した尾椎標本」ということになる。

しかし地層中に眠っているのが、尾椎の胴体側だった場合、そのまま連続して胴体から先が残っている可能性が高くなる。ほぼ全身があるかもしれない。

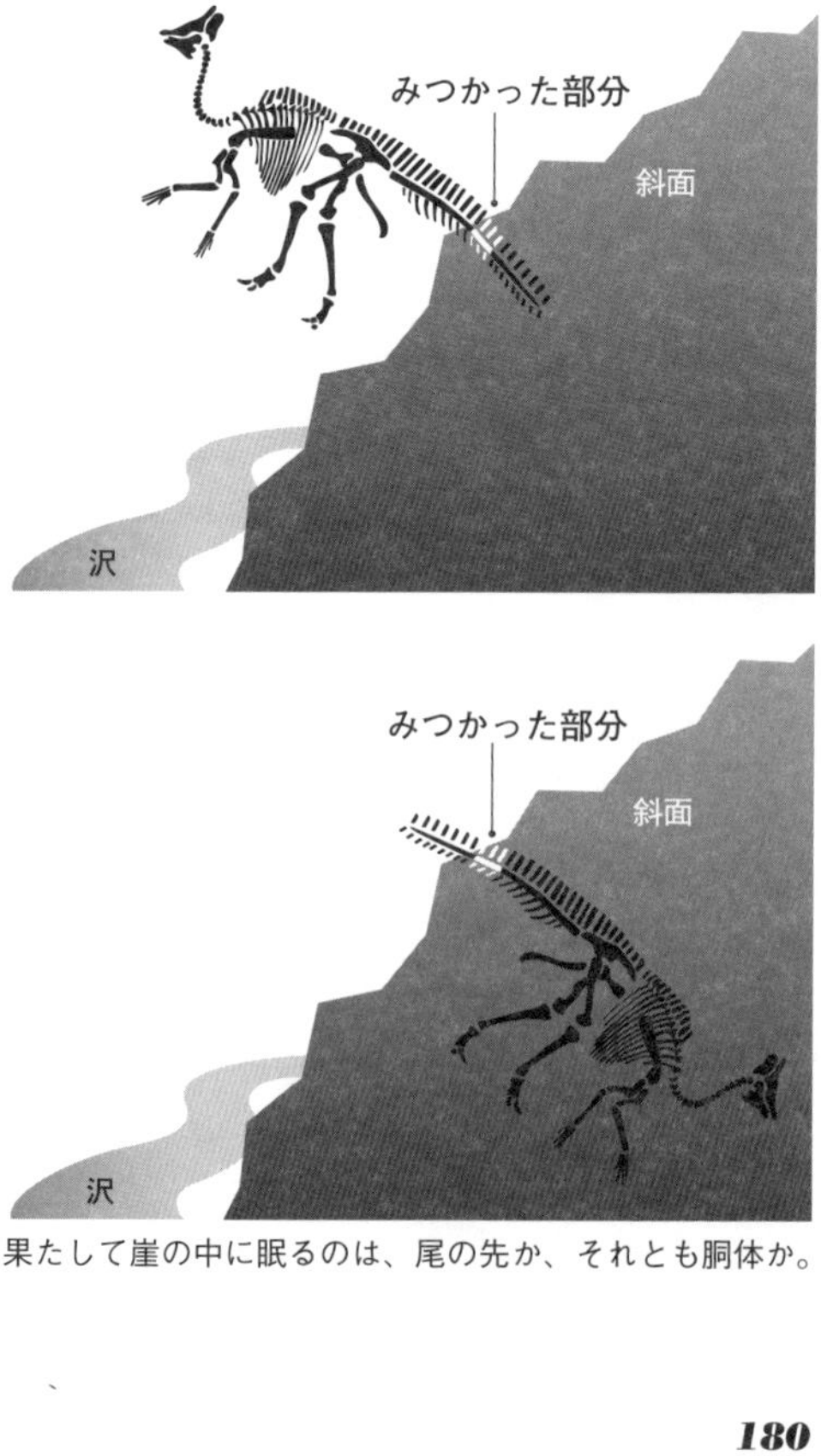

果たして崖の中に眠るのは、尾の先か、それとも胴体か。

5月15日の調査では、そのことを明らかにしようと思った。

もちろん、「関節した尾椎標本」というだけでも大発見だ。これほどまでに良質な標本は、なかなか類を見ない。しかし、できれば全身が眠っていてほしい。

問題は、尾椎の先か、それとも胴体側か。

その確認は実は容易である。露頭を少し掘り込んで、黒いシミではなく、はっきりと形のわかる尾椎をみつければ良い。尾の骨は、胴体に近くなるほど大きくなり、尻尾の先端に近くなるほど小さくなる。つまり、新たな尾椎を発見し、その大きさを堀田標本と比較すれば、答えは自ずと出る。

11月の調査と同じメンバーとともに現場を訪ねて掘りはじめる。前回、黒いシミで化石の存在は確認した。尾の先にしろ、胴体側にしろ、続きは絶対あるはず。その確信のもとに掘りはじめたけれど、予想に反して、何もでてこなかった。背後ではカメラがまわっている。プレッシャーがかかる。みつからない。でも、次の瞬間には、骨にあたるかもしれない。焦りからくる粗い作業は許されない。あくまでも慎重に。期待と不安と我慢が気持ちの中で混ざり合う。

どのくらいの時間がたったのだろう。いつしか現場は、沈黙が支配していた。地層を掘る、ザクザクという小さな音だけが聞こえてくる。

絶対にある。あるはずだ。

確認された尾椎骨。（写真中央の丸い部分。Photo：むかわ町穂別博物館）

口には出さず、自分に言い聞かせた。

突然、櫻井が声をあげた。

「小林先生、これ！」

駆け寄った。ノジュールではなく、地層中にむき出し状態で埋まっている円形。

思わず2度見した。

でかい。

ハドロサウルス科と同定するために、何度も調べた堀田標本。その中で最大の尾椎よりもさらに大きかった。

大きいということは、胴体側の骨である。

すなわち、地層中には胴体から先の全身が残っている可能性が高い。

「やったね！」

スタッフ全員でハイタッチをした。

第4章 作業が想像できない——西村智弘 その2

化石をみつけても、その場ですぐに掘り出すというのは、決しておすすめできない。

なぜならば、化石がどこにどのように埋まっていたかという状況そのものが、のちにその化石の元の生物の生態や生きていた時代を解き明かすための重要な手がかりになるからだ。

まず、どこで発見したのか、その場所を記録する。可能であれば、どんな小さな化石であっても掘り出す前にその露頭のスケッチを行い、写真を撮影し、記録を取る。スケッチと写真は両方を行うことが理想的だ。写真の場合は確かに風景を〝切り取って保存〟してくれるけれども、情報が多すぎる。スケッチであれば、描き手の強調したいところがわかる。

もしもあなたが地質学の知識と調査技術をもっているのであれば、その化石の周囲の地層の種類や、地層の傾き、断層の有無なども記録しておきたい。

かの名探偵シャーロック・ホームズは、殺人事件で死体を観察する前に、まずその現場周辺を丹念に調べた。古生物学においても、まずは細部にわたる現場の正確な記録が第一なのだ。

化石を掘り出すのはそれからである。

２０１１年秋、穂別博物館の西村智弘は一人で現場の沢に入っていた。地質と地層を調べるためである。この年の8月に東京学芸大学の佐藤たまきが堀田標本が恐竜化石である可能性を指摘した。9月には、北海道大学総合博物館の小林快次が来館して恐竜化石と断定。さらなる調査をするために、標本を北海道大学へと持っていった。

この間、穂別博物館としてすべきことは、化石に関する地質学的な情報を一つでも多くそろえておくことだった。そのため、穂別博物館のメンバーの中で、最も地質調査の技術に長けた西村が、11月10日に予定されていた小林との合同調査前に現地を確認することになった。

調査の目的は、堀田標本の露頭の位置の再確認と、その地層の状況を把握することだ。小林からいつ地質に関わる質問が来ても良いように、学術的なデータを集めることが必要だった。それは、11月10日の調査を効率的に進める、その足がかりともなる。

学術的に通用する地質データは、一つの露頭だけを調べれば良いというものではない。露頭のある沢を丹念に歩き、確認できるすべての露頭を調べる。

そうして得られた情報を統合し、他の沢のデータと比較することで、目的とする露頭が地域の地層群においてどのように位置づけられるのかがわかるのだ。いつ、どのような環境下で堆積したものなのかも見えてくる。

テクノロジーが進歩し、ドローンが空を飛び回るようになった昨今でも、地質調査の手法は今も昔とかわらない。訓練を積んだプロによる地道な情報収集が、発見された化石に〝ドラマ〟をつける。

西村は、調査の際には大型ザックを背負う。その中に水筒、弁当、化石を包む新聞紙や土嚢袋をいれる。自分の足で地図を描くルートマップ。そのルートマップをつくるための方眼紙や下敷きも忘れてはいけない。

肩には丈夫な布でできた大きな調査かばんをかけ、腰のベルトには小さな調査かばんをつける。そのかばんには地形図を入れる。現在地や地層の傾き等を調べるための道具も必要だし、記録のための鉛筆や色鉛筆も必携だ。その他、地層を構成する粒の大きさを調べるための粒度表、何かと役立つルーペやカッターナイフ、そして、大小のハンマーとタガネも装備する。クマ対策の鈴をザックやかばんにくくりつける。

〝ほぼ垂直〟に傾いた地層

沢に入り、露頭を確認し、その地層の地質を確認する。地層の傾きと広がりを調査する。この調査によって、露頭の場所に分布している地層は函淵層群のもので、地層が堆積した時代は、付近の地層の重なりなどから、おそらく白亜紀末期のものであると推測した。

そして、地層は大きく傾いていることがわかった。もともと地層は、砂や泥が海底等に堆積してつくられる。そのとき地層は水平に堆積する。しかし長い年月の中でおきた地殻変動で、ときには曲がり、ときには断層によって分断される。函淵層群もこうした地殻変動の影響を受けていたのである。

もともとの水平状態の地層を角度0度とすると、恐竜化石のある露頭は、実に124度の傾きがあると見られた。地層の傾きは、発掘の際に化石がどのような角度で地中にあるのかを推定する大きな手がかりとなる。また、地質の状況からは、この場所が沖合の地層であることが確認できた。けっして、沿岸の浅い場所で堆積したのものではない。地層をつくる粒子は沿岸ほど粗く、沖合ほど細かい。言い換えれば、沿岸ほど礫が多く、沖合ほど目の細かい泥となる。

恐竜化石が眠っていた場所は、粒子が細かかったし、何よりも沖合の地層によく見られる構造が確認できた。

すなわち、化石のもととなった恐竜の死体は、陸地から一定以上の距離を流されてきたものであるということになるだろう。

「ずいぶんと遠くまで流されてきたものだ」

２０１１年11月10日。

小林たちと行った予備調査は成功に終わった。発見地には恐竜の骨がまだ埋まっている可能性が高いことが明らかになった。

アンモナイトとは全然ちがう

２０１３年9月。

さあ、発掘だ。

……とはいえ、どこから手をつけたら良いのかわからない。

発掘に関しての事務作業全般は、同僚の櫻井和彦が進めた。小林も自分の学生を中心に声をかけ、人的戦力を整えていった。同僚の下山正美は、櫻井の指示を受けながら発掘に必要な道具を準備していった。

2013年９月２日撮影。発掘初日である。　(Photo：むかわ町穂別博物館)

なにしろ初めての経験だ。一般的に西村の専門とするアンモナイトのような無脊椎動物と、恐竜のような脊椎動物では、採集・発掘の手法も研究手法も異なる。

無脊椎動物の化石の場合、重機まで投入して発掘を行う例はほとんどない。大きなアンモナイトを掘り出す場合でも、基本的にはツルハシとハンマーの世界なのだ。仮に、西村がアンモナイト研究者として数十年のキャリアを重ねていたとしても、おそらく遭遇することのなかった事態である。そんな「予想外」に直面していた。そのため、博物館の職員として恐竜化石の発掘に参加することになってはいたものの、西村は北海道大学の学生たちと同じ気分だった。

「教えを請いながら、参加しよう」

実際、予備調査の時に骨の化石を見ても、それが骨なのかどうかが、わからなかった。他の岩と区別がつかないので、掘っていくうちに骨を壊さないかどうかが心配だった。そんな状態で、積極的に発掘に関わるのが怖かった。骨の化石を自分が認識できるかどうか、という点だけではない。掘り出した骨をどのように処理するのか。もしも現場で壊してしまったらどうするのか。そもそも、どの程度まで重機を使って掘り出すことができるのだろうか。

現場では、小林以外はみな〝素人〟だったのだ。作業がイメージできない。これほど怖いものはない。不安だらけだった。

しかし、小林の指示を受け、また、小林の動きを見ていくと、作業の流れが見えてくるようになった。小林には北海道大学准教授としての仕事もある。発掘期間中、連続して指導に当たることができるわけではない。小林不在の間は、だれか、小林の代理をする人物が必要だった。しかし、学生たちも多くは発掘は初めての体験で、西村とそう状況は変わらない。櫻井は事務対応に奔走しており、そもそも発掘現場に長くいることはなかった。下山は「縁の下の力持ち」に徹していた。

自分しかいない。

西村は率先して、小林の〝発掘の動き〟を覚え、学生たちに指示を出すようにした。また、小林も〝地層を読む〟ことのできる西村を頼りとして、しばしば作業の方向性を相談するようになった。

西村の見立てでは、恐竜化石を含む地層は露頭の中腹から沢にほぼ平行な形で124度の傾きがあった。

ただし、どうも「124度」ではないということが作業の進展とともに見えてきた。124度だったら、崖の斜面の奥側に向かって地層は傾斜しているはずだった。しかし、掘り進んでいくと傾斜はより厳しいことが見えてきた。

「……立っている」

地層の傾きは124度ではなく、110度だったのだ。ほぼ垂直だった。作業の方向性を微修正し、

2年をかけて、確認できる化石のほぼすべてを回収した。

「恐竜化石のまわりの地質の記録は、すべて取ってあります。この記録をくわしく調べることで、陸から流れてきて沈底した恐竜が、どのように腐っていったのかが見えてくるはずです」

2013年、西村は学芸員になり、2015年には館の正規職員になった。今後は恐竜化石そのものよりも、そのまわりの環境解析の研究を進めていくつもりだ。

第5章

「ザ・パーフェクト」全身があった！

——小林快次 その3

２０１２年5月の調査（１８０ページ参照）によって、露頭の奥に恐竜の胴体が眠っている可能性が高くなった。〝堀田標本〟とあわせれば、ほぼ全身の骨がそろうかもしれない。そうなれば、この恐竜化石は、これまでにみつかっている日本の恐竜化石の中で最高の保存率をもつだけではなく、世界でもトップレベルの標本となり得る。

発掘の指揮をとる北海道大学の小林快次は、この頃から断言するようになった。

「全身がある」

だから、大規模な発掘をする必要がある。

実際のところ、小林自身も全身がそろうと〝絶対の確信〟があったわけではない。仮に全身が発見されなかったとしても、堀田標本に追加の骨がみつかるのはほぼ確実だった。学術的にはそれでも価値がある。

しかしそんな〝弱気〟では、発掘に必要な予算や予定は立てられない。だれかが「全身がある」と断言し、そのことを前提として計画を立てねばならなかった。小林にとっても、それは一つの賭けだった。

「全身がある」

そう信じながらやるしかない。

どうやって、掘っていくべきか？

約1年をかけて、穂別博物館の櫻井和彦が諸々の手配を終えた。小林のスケジュールと調整し、2013年9月に第一次発掘を行うことになった。このとき予定していた発掘は、毎年1カ月で3年間。必要に応じて、4年目以降の延長も検討することにした。

第一次発掘を前にした7月。穂別博物館と北海道大学が共同で記者発表を行った。この瞬間、恐竜化石の存在がオープンとなった。あわせて、石膏や麻袋、削岩機など、小林の指示にもとづいて、発掘に必要な道具がそろえられていく。小林も自分の学生に声をかけ、人的戦力を整えていった。

2013年9月。第一次調査がはじまった。

最初は、2012年5月に見つけた尾椎の周りをツルハシとハンマーで掘り進めた。すると次の骨が出てくる。

「よかった。まだまだ骨はありそうだ」

さらに掘り進めるとノジュールが見えた。おそらくこのノジュールの中にも骨がある。

「良いスタートだね」

隣で掘り進んでいた穂別博物館の西村智弘と確認し合った。

問題となったのは、地層の傾斜だ。西村の調査によると、その傾きはほぼ垂直である。実際、骨もノジュールも、小林たちの足元方向へと続いている。胴体に近づいていく、ということは、これからみつかる骨やノジュールはしだいに大きくなっていくことが予想された。ツルハシとハンマーを使った手掘りでは限界がある。櫻井が手配した重機を投入すべきだった。

「しかし、ほぼ垂直って……どうやって掘っていくべきだろうか？」

多くの発掘経験がある小林にとっても、それは初めての挑戦だ。これまでに小林が携わってきた海外の発掘では、傾きが大きいものでも40度ほどだった。

櫻井や西村と相談し、化石の前後の地層を少しずつ掘り下げることにした。化石を含む地層は、崖の斜面にほぼ平行だ。すなわち、斜面の手前と奥を重機で掘る。

重機で大きく掘る。そして、ツルハシやハンマー、ときには削岩機を使って地層を削り、骨化石

1 発掘現場のようす。写真奥は急斜面となっている。その斜面とほぼ平行する形で発掘が進む。
（Photo：むかわ町穂別博物館）

2 重機による掘削のようす。発掘にはしばしば重機が投入された。
（Photo：むかわ町穂別博物館）

3 削岩機による掘削のようす。人力では削れないような岩石に対して用いられた。
（Photo：むかわ町穂別博物館）

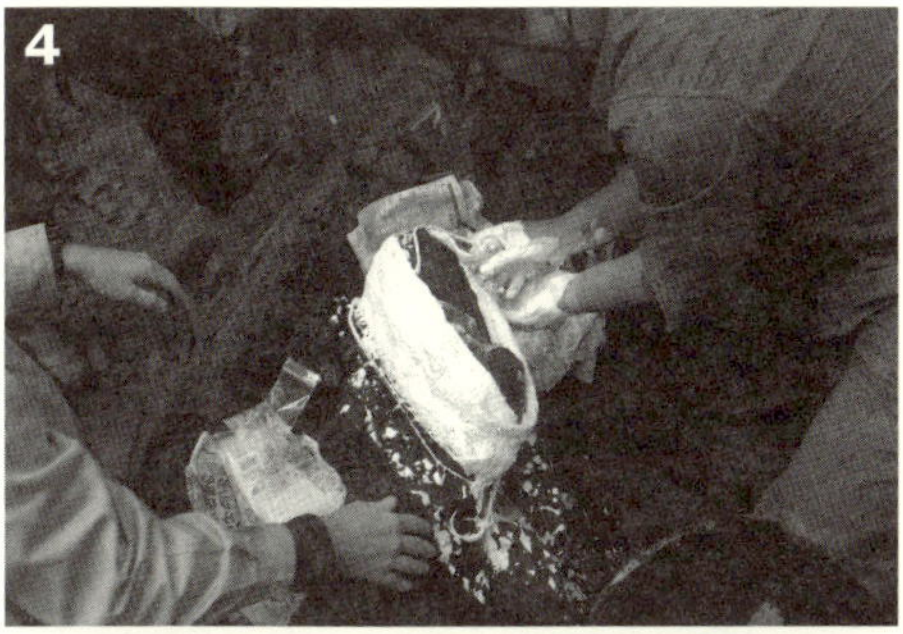

4 発掘した化石はまわりの母岩ごとジャケットで包む。

(Photo：むかわ町穂別博物館)

5 ジャケットは重量があるので、重機と結びつけて運び出す。

(Photo：むかわ町穂別博物館)

6 大腿骨のノジュールを発見！ ノジュールの形がまさに骨の形をしている。

(Photo：むかわ町穂別博物館)

や骨化石を含むノジュールをみつける。骨化石やノジュールをみつけたら、その周囲の岩ごと「ジャケット」をつくって保護をする。この場合の「ジャケット」とは、石膏をしみ込ませた麻布である。麻袋を適当なサイズに切り、溶かした石膏に浸す。そうしてできた麻布を岩に巻き付けていくのだ。石膏はみるみるうちに乾燥して、硬くなる。次は、地層からそのジャケットをはずし、地層と接していた岩がむき出しの部分にも石膏をしみ込ませた布を巻き付ける。そうして、岩の塊を完全に石膏でくるみ、現場から運び出す。

露出部分を運び出したら、また重機で大きく掘り込む。その後は、削岩機やツルハシ、ハンマーで人海戦術。作業はその繰り返しだ。

これは、すごい

掘り進めるほど、大きくなっていく骨とノジュール。第一次発掘の期間半ばをすぎたころのことだった。作業にちょうど良い〝足の置き場〟として使っていた岩を、学生の一人が指さした。

「あれ？　これって……脚っぽくないですか」

一歩、二歩、後ろに下がってその岩塊を見る。そこには長さ1メートル以上、太さ数十センチにわたる巨大なノジュールがあった。

「でかっ！」

ひと目で確信した。

これは、大腿骨が入っている。

しかも、その隣には、同じようなノジュールがもう一つ。大腿骨につながる骨ということは、こちらは脛骨である。

大型脊椎動物の発掘において、大腿骨の発見は、とくに大きな意味がある。大腿骨……つまり、太腿の骨は、脊椎動物を構成する骨の中で最も大きな骨である。そして、大腿骨がわかれば、その持ち主の全長と体重をおおよそ推測することができる。実際、この発見によって、のちに、〝むかわの恐竜〟の全長は約8メートル、体重は約7トンとの値が推測されることになる。

「これは、すごい」

これまで小林は「全身がある」と言い続けていたし、信じ続けてきた。しかし、大腿骨を発見したことで、小林の中でこの恐竜の全身がイメージを結びはじめた。

はじめに尻尾があった。そして、脚がみつかった。下半身がそろった。掘り進めてきた感触では、未確認ながらもノジュールの中にはきっと胴もある。

よしよし。つながってきた。

ここまでくれば、頭が欲しい。頭骨を発見できれば、この恐竜化石は、〝まさしく全身骨格〟となる。行政サイドからも、「ぜひ、頭を」という声が聞こえるようになった。

頭、頭、頭だ。

ハドロサウルス科の大きな特徴は頭骨に現れる。すでに尾椎に珍しい特徴をみつけてはいたけれども、頭骨が発見できれば、新種であるか否かを判断しやすい。何よりも、この恐竜の〝顔〟を明らかにすることができる。

しかし、実際のところ頭骨が残っているかどうかはわからない。ここまで流されてくる過程で、首がもげて、頭部をどこかに落としてきた可能性もある。

第一次発掘期間も残り数日となったある日、大腿骨を発見した近くで、ハドロサウルス科のものとみられる歯の化石が発見された。

「これは、頭があるぞ」

小林は確信した。ここが陸地でできた地層で、周囲にも他の恐竜の化石があるような状況だったら、この歯の化石は、ちがう個体のものかもしれない。

しかし、ここは海でできた地層で、この恐竜は偶然、ここまで流されてきた〝ひとりぼっち〟のはずだ。で、あるならば、この歯の化石は間違いなく、この個体のものだ。

そして、歯だけが、四肢や胴体と一緒にあるという状況は考えにくい。言うまでもなく、歯は口についている。口は頭部の一部だ。考えられる状況は一つだけ。ここまで運ばれてきた遺骸の頭部から、水流などによって歯がはずれたのだ。この状況を説明するには、頭が存在している、と考えるほかはない。

さあ、頭がある。正真正銘の全身化石だ。

そこまで確信したとき、第一次発掘の作業期間は終了した。冬に備えて発掘途中の化石にジャケットをかけ、斜面を埋め戻す。続きは、来年である。

お待たせしました

振り返れば、第一次発掘は「チャレンジ」だった。

ほぼ垂直の地層を掘るという経験は、小林自身にとっても初めてだった。西村は、どうしたらその発掘を効率的に進めることができるか、ということを地質学の立場から手探りで支援した。

発掘前に用意した石膏や麻袋は、発掘途中で尽きた。そのため、穂別博物館の職員である下山正美は、近隣のホームセンターをめぐって、そうした資材を買い集めた。

重機が削った斜面からは、小さいながらも落石があることもあった。また、掘り進んだノジュー

第二次発掘調査前。現場は広くなり、作業環境は大幅に改善された。
（Photo：むかわ町穂別博物館）

ルが倒れ込まないように、木の板をかませて安定させた。そうした、臨機応変の道具づくりも下山が担当した。

2014年9月4日。第二次発掘の開始である。現場を訪れて、小林はまず、〝町の本気〟を知った。この年の夏、むかわ町は、恐竜化石の背面にあった斜面を大きく切り崩し、そして落石を防ぐための防護ネットを張っていた。発掘の諸作業が行いやすいように広い空間を整えて、発掘隊を待っていたのだ。

第二次発掘は、第一次発掘の最後にかけたジャケットの回収からはじまった。そして掘り進めていくと、ノジュールのサイズがどんどん大きくなっていく。おそらく胴部分の骨が入っているのだろう。

そして、ノジュールのサイズが大きくなるとともに、続々と歯の化石がみつかるようになった。化石やノジュールは一つみつけるたびに、その位置を記録してきた。化石がみつかるたびに、記録係が現場を走り回る。歯がみつかりだしてから、記録係の忙しさは倍増した。いつしか、歯が出てくるのは当たり前になっていた。この発掘で回収した歯化石の数は、１００個を大きく超えた。

第一次発掘で歯がみつかった時点で、小林は頭骨の存在を確信していた。問題は、「どこにあるか」である。

そこで生きてきたのが、産出記録だ。発見された大量の歯の位置をまとめていくと、ある位置に帯状にまとまっていた。そして、その帯を横切るように大きなノジュールがあった。

このノジュールが怪しい。

ノジュールは数十センチメートル以上の大きさがあり、その隣にある1メートル以上の巨大なノジュールとつながっていた。これに全部ジャケットをかけて取り外すのは、時間がかかる。しかし、怪しいノジュールにはいくつかのひびが入っていた。そのひびを区切りとして分割すれば、ノジュールを地層から外せそうだ。

試しに外してみた。

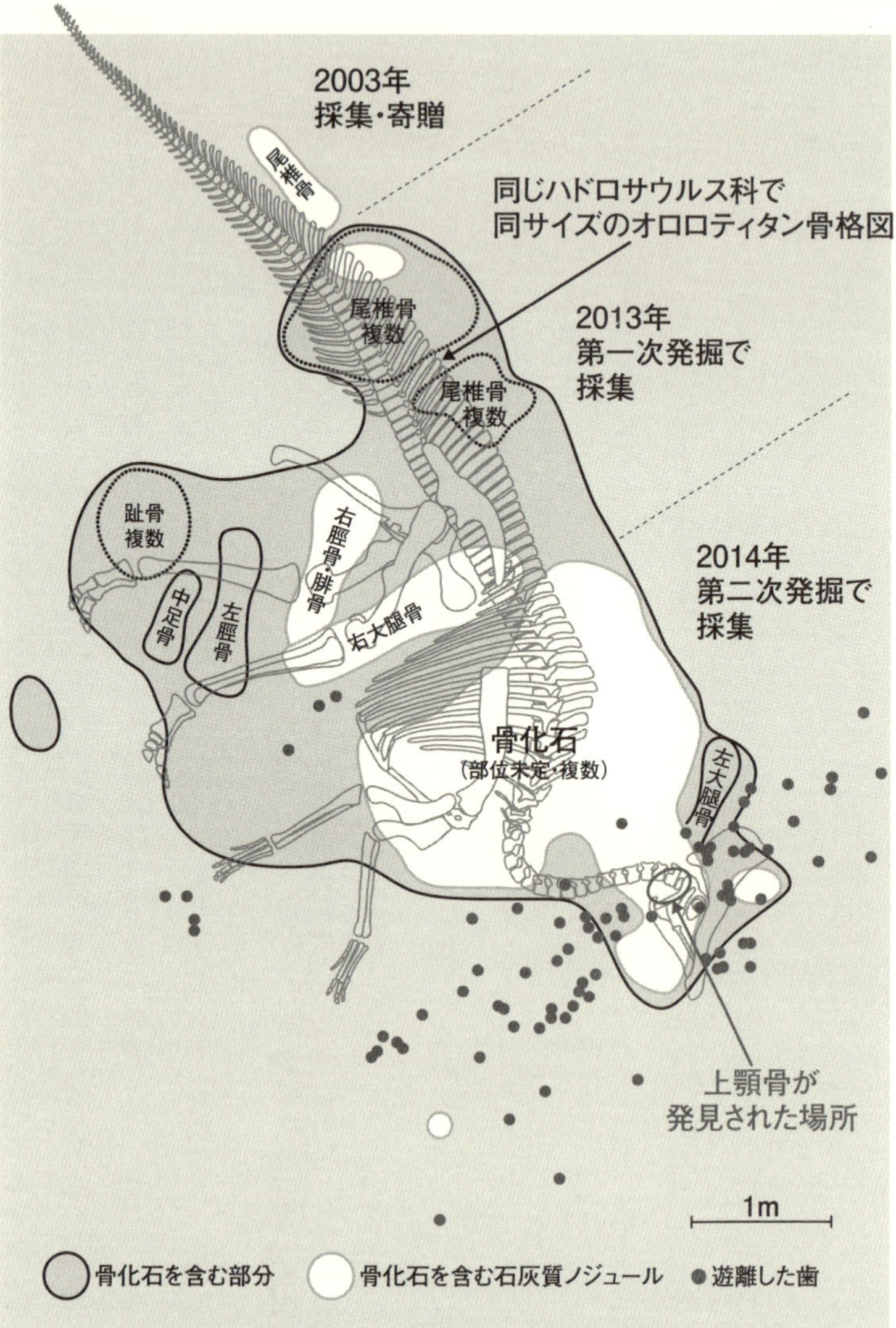

産地で発見された穂別恐竜の骨化石の分布および上顎骨と遊離した歯の発見された場所。オロロティタンの骨格と重ねた図。

ノジュールの断面に、骨が見える。小林にとって、見慣れた構造だった。ああ、顎だ。

頭骨だ！

……と、ここで声を上げるのは小林の流儀ではない。

重要であればあるほど無口になる。

発掘期間中は、基本的にはクリーニング作業は休止していた。クリーニング作業員である下山が発掘に参加していたからだ。

小林は櫻井と下山を呼び、頭骨があると思われるノジュールの至急のクリーニングを依頼した。この日から下山は発掘現場には行かず、博物館の作業室でクリーニングを進めることになった。

10月に入って、第二次発掘の終わりが見えた頃、小林は博物館の作業室を訪ねた。クリーニング中のその露出部分を遠くから見てもわかる。思わず笑みがこぼれた。

間違いない。上顎だ。

10月10日。小林は、むかわ町の穂別町民センターで、むかわ町長とともに緊急記者発表を行った。集まった記者は18人。多くは、この発掘を継続取材してきた〝戦友〟である。

事前に記者発表の内容を伝えていたわけではないけれども、記者たちには予想がついていた。なにしろ、この段階で「緊急」の記者発表を行うとすれば、それは頭骨発見の報の他にはない。会場

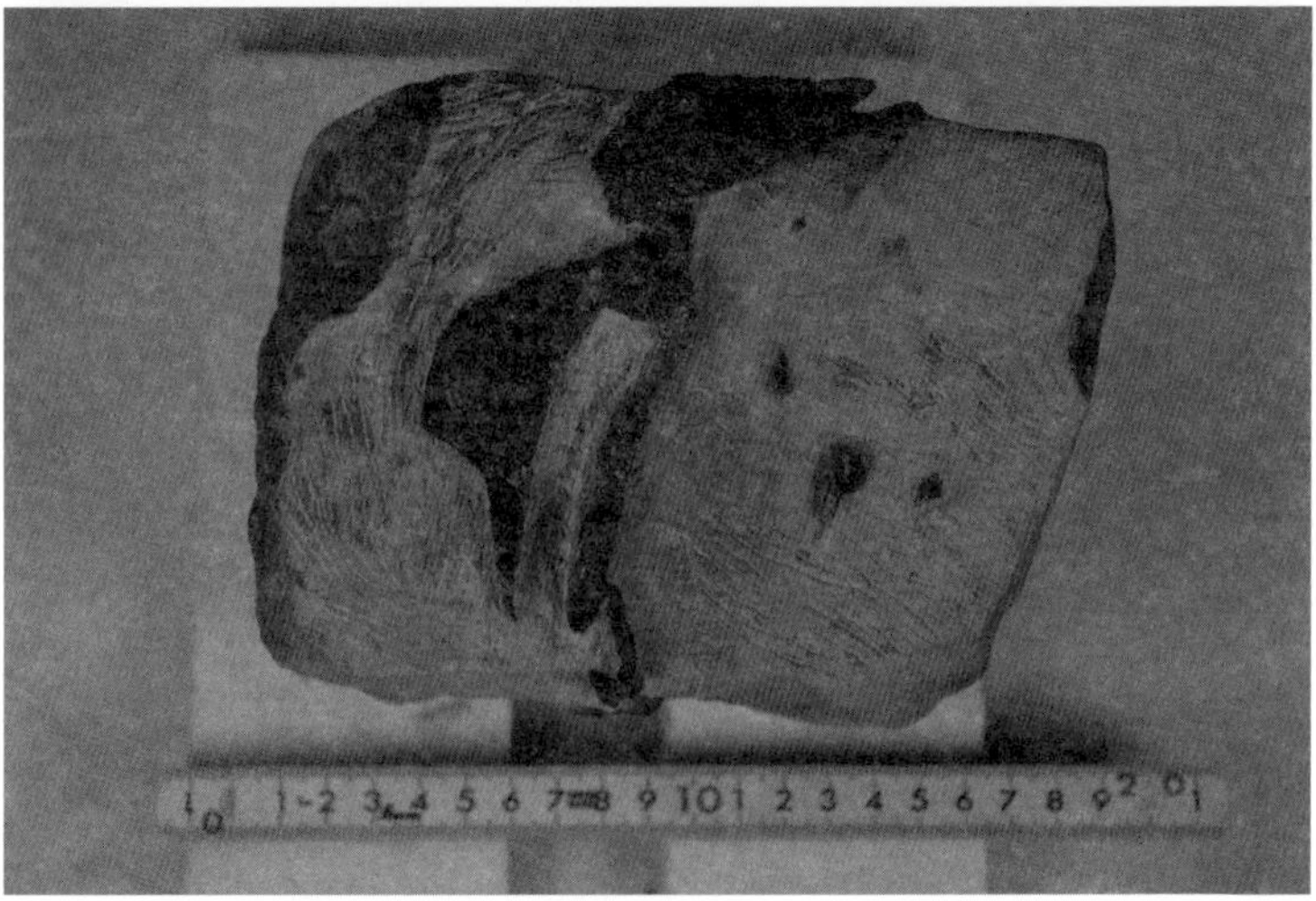

クリーニング中の頭骨（上）と、露出した頭骨（下）。
この独特の形から、上顎の骨の一部であることが明らかになった。
（Photo：むかわ町穂別博物館）

には、黒い布がかぶさった物体がすでに置かれていた。

高まる期待。会場に入った小林は、その熱を感じた。

黒い布をとって物体、つまり頭骨を手にとった。

「お待たせしました」

自然とその台詞が口から出た。

第6章 悪夢にうなされた──高崎竜司

発掘を手伝った学生の一人である高崎竜司さんは、小林研究室の大学院生。いわゆる帰国子女。「学生の話も聞きたい」と小林さんに依頼したとき、「それならば」と名前が挙がった。のちのコラムに登場するカリー博士取材時には通訳も依頼した。

北海道大学の小林快次研究室で、大学院生として「恐竜の食性」をテーマに研究を進める高崎竜司も、発掘に参加した学生の一人である。

１９９０年、大阪府生まれ。本書の登場人物としては、最も若い。

高崎は小学生まで恐竜少年だった。恐竜の名前をとにかくたくさん覚えた。

もっとも、この時点での「恐竜少年」は、日本においては珍しいことではない。ゲームキャラクターの名前を覚えることと同じように、あるいは、アニメや漫画の登場人物やその必殺技を覚えることと同じように種名を覚える。

自分にも覚えがある。そんな読者も多いだろう。

その後、高崎はごく自然に恐竜からは離れていく。中学、高校と、恐竜とは縁のない時代をすごした。これもまた、おそらく日本の青少年の、ごく普通の道だ。

高校時代を高崎は海外で暮らした。そして、大学入学を契機に帰国することにした。日本の大学には「帰国子女」のための入学枠が用意されているところが多い。北海道大学もその一つである。ただし、帰国子女枠を使うためには「明確な志望理由」が必要だった。

それまでの自分自身を思い返し、少年時代に恐竜が好きだったことを思い出した。

「恐竜を学びたい」

これを「明確な志望理由」としたところが、〝ごく普通の道〟ではなくなった点だ。

恐竜を学ぶことのできる研究室を探しているうちに、小林研究室に行き当たった。

「北海道大学の小林研究室で恐竜を研究したい」

志望書にそう書き込んだ。

結果、無事、北海道大学に入学を果たす。ただし、この時点で小林研究室への進学が確定していたわけではない。大学のシステムとしても、高崎の気持ちとしても、だ。

気持ちが固まったのは、小林の講義を受けたときだ。このとき、ティーチング・アシスタントとして参加していた小林研究室の大学院生たちと出会った。

「ティーチング・アシスタント」とはその名の通り、講義や実験の補佐役である。講義や実験指導を執り行うのは教官の仕事だが、教官一人では細部まで眼が届かないことがある。そんなときに、上回生、とくに多くの経験を積んでいる大学院生を補佐役として雇い、指導の一部を担当させる。

ティーチング・アシスタントは、その性質上、教官よりも学生に身近な立ち位置をとる。しかも学生と年齢も近いので、親しみを感じやすい。このとき出会った小林研究室の大学院生たちに、さまざまなことを教わることができた。良い先輩が多い。これが研究室を選ぶ際の重要な要素となり、4年次の研究室選択で正式に小林研究室に所属することになった。

山だ……土木工事だ……

2013年。高崎が博士課程前期1年次のときである。小林から研究室の学生たちにアナウンスがあった。

「今度、むかわ町で恐竜の発掘を行うことになった。参加してみたい人はいないだろうか」

否はなし。

他の学生とともにもちろん手を上げた。日本で「恐竜発掘の経験を積むチャンス」は、そう多くはない。

しかし実は、この呼びかけの前に、高崎はすでに恐竜化石のことを知っていた。高崎自身が穂別博物館の西村智弘と交流があったのだ。

西村と交わす言葉の端に恐竜化石の存在を感じていた。また、小林研究室出身の先輩たちにはすでに知らされていたようで、そうした元学生たちの会話から漏れてきたこともある。

何よりも、西村と同僚の櫻井和彦が小林の部屋を訪ねていたときに、聞こえてくる会話から恐竜化石の発見を察することができた。しかしどうやら、聞いてはいけない情報だったらしい。その雰囲気を察することはできた。知らないフリをしておこう。そして、情報がオープンになる日を待ち続けた。高崎にとって、「発掘」は初めてのことだった。高崎の学部生時代の卒業論文のテーマは、「ニッポノサウルスの再研究」である。それは、すでに博物館にある標本を使って行う研究だった。そのため、北海道大学に通い、古生物学に携わっていても、函淵層群や蝦夷層群には、とんと縁がなかった。

今回、初めて穂別の現場に足を踏み入れて、自分の眼を疑った。

「山だ……」

そこは、道道から約2キロメートルも山中に入った場所だった。崩れかけた林道の両脇から山の斜面がせまり、足元の細い沢をチョロチョロと水が流れていた。

その斜面の一部が崩されていた。

多くの人々は、「発掘」というとアメリカやモンゴルなどのそれを思い浮かべがちである。地平線が見える荒野で、腹這いになりながら、刷毛などをつかって砂を取り除いていく。そんなやり方だ。

しかし、当然のことながら日本ではこのやり方は通用しない。

「大陸式とはちがうぞ」

小林からもそう聞いていた。

しかし、実際に現場を目の当たりにすると、それは想像の範囲を超えていた。文字通り、山を崩しての発掘だったからだ。

崩された山の麓には、重機が待っていた。「土木工事」という言葉が脳内にちらついた。

それにしても掘り進める目標は、崩された斜面の中腹だ。そんな場所をどう掘るのだろうか？

疑問に思っていると、重機がその急斜面を登りはじめた。シャベルをまるで人の腕のように使って斜面につかまりながら、その車体を中腹まで持ち上げていく。

「うそだろ！」

発掘をはじめる前に、まずは度肝をぬかれた。

ここで現場を離れるのはもったいない

最初から全身化石の発見を信じていたわけではない。

なにしろ日本で発見される恐竜化石の大半は部分化石だ。連結した尾椎の化石は発見されていたけれども、むかわ町に向かう車の中で学生たちは「あと1～2個の骨がみつかって終わりかもしれない」という話をしていた。

「もしも本当に全身がみつかるとしたら、すごいよなー」

漠然と、そんな感覚だった。

「全身がある」

そう話していた指導教官には内緒の話だ。

実際、最初の数日はまったくといって良いほど

斜面を登り、崩す重機。圧倒された。　(Photo：むかわ町穂別博物館)

に手応えがなかった。

9月6日。発掘3日目。天気は晴れ。

この日、発掘をはじめてからはじめて椎骨が発見された。発掘は軌道に乗りはじめた。翌7日には、さらに複数個の骨化石が発見され、さらに発掘休業日を1日挟んで快進撃が続いていく。みつかる化石は骨がむき出しのもの、ノジュールに包まれているもの、一部だけがノジュールに包まれているものなどさまざまだった。当初のスケジュールでは、高崎は7日の発掘をもって一度、札幌に帰るつもりでいた。

しかし進撃ははじまったばかりだ。ここで現場を離れるのはモッタイナイ。

札幌に帰るのをやめた。

櫻井に頼み込み、1週間の延長をすることにした。

次々と化石が発見されると、その記録をしっかりと取り続ける必要が出てくる。高崎は、小林研究室の先輩である田中公教とともに記録係を担当することになった。

化石は現場ですべて掘り出されるわけではない。

ある程度、どこに埋まっているのかが判明したら、まわりの母岩ごと掘り出して石膏に浸した布で包み込んで「ジャケット」をつくり、そのまま地層からはぎとる。ジャケットを外し、化石を母岩から掘り出していくのは、発掘が終わってからのクリーニング作業だ。

そうしたジャケットをつくる前に、どこにどのように骨が分布していたのかを記録する必要があった。また、一つのジャケットの中に、どのような骨が含まれているのかも記録しなければいけない。

現場では定期的に写真が撮影された。そこでその写真をプリントアウトし、そして、特徴や番号を書き込むという記録係の仕事が生まれた。そのうち、記録が終わったものを整理する作業と、ジャケットの準備をする作業も記録係の兼務作業となった。

記録係は高崎と田中が担当していた。発掘が軌道に乗ると、あちらこちらから「骨をみつけたから、記録をお願い！」と声がかかる。

プリントアウトした写真を持ってかけつける。そして、その写真のどこにどのように化石が埋まっているのか、の印をつけた。

そして、ジャケットの準備をしなくてはいけない。麻布に石膏をしみ込ませる。掘り出されたノジュールが眼の前に置かれた。そのノジュールのまわりに麻布を巻き付ける。

そうしているうちに、整理すべき標本が次々と積み上がってくる。

高崎は現場を走り回った。

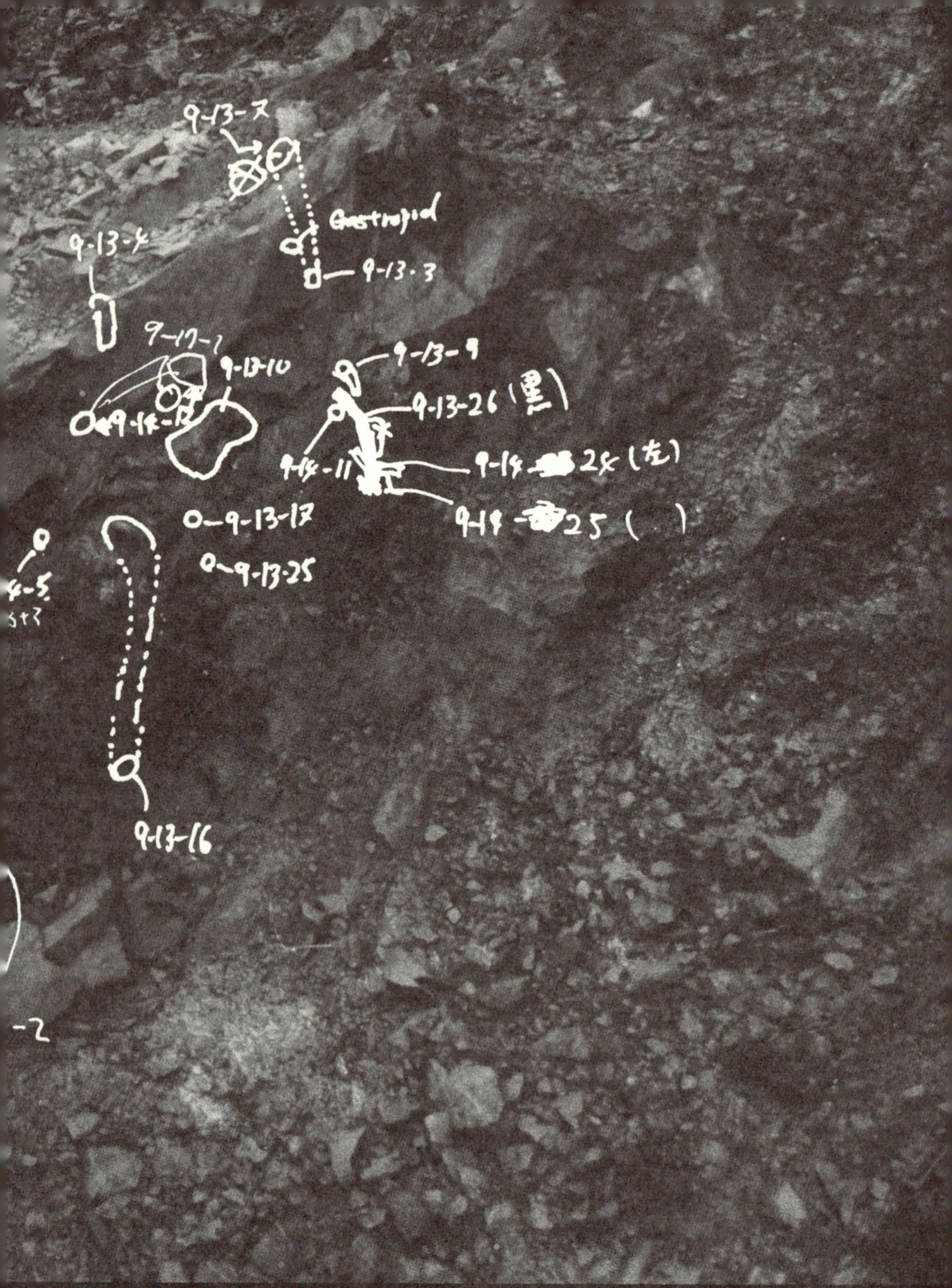

現場で使用していた記録。「J」とはジャケットの通し番号である。現場で随時写真を撮影し、その写真をプリントアウトして、どこに何が埋まっていたのかを記録した。
(Photo：北海道大学・むかわ町穂別博物館)

9-10-17
9-14
9-11-18
9-11-22
9-11-23
J3
9-11-24
9-13-21
9-13-15
9-13-19
9-14-4
9-14-6
9-13-28

小林は正しかった

いったい全身のどのくらいの割合が埋まっているのか。

発掘11日目の9月14日。歯の化石がみつかった。

歯がある。それはとりもなおさず、頭があることを意味している。近くに頭が埋まっており、そこから外れた歯が、みつかったというわけだ。

これが地上で埋没した化石あれば、なんらかの拍子で落ちた歯がみつかったのかもしれないし、離れた場所に眠る遺骸の本体から歯だけが水流で運ばれてきたのかもしれない。

しかし函淵層群は、海でつくられた地層だ。恐竜の部分化石と歯が同じ場所まで運ばれてきて堆積したと考えるよりは、全身がそのまま運ばれてきたと考える方が自然だろう。

最初に発見されたのは尾。そして、歯があるということは、きっと頭もある。

「全身がある!」

モチベーションはいっきに上がった。

学生たちは小林の「全身がある」という見方に対して、「どうだろうね」と半信半疑だった。なにしろ、日本の恐竜化石で「全身」といえる保存率をもつものが未発見であることはみなが知っていた。

しかし、歯の発見で、小林の当初の見方が正しいことが証明された。

1年目の発掘は、頭骨がある可能性を感じながらも、その発見にいたらぬまま調査期間を終えることになった。最終日には発掘途中だった岩全体にジャケットをかけ、そして、そのまま土をかぶせる。

1年目、発掘隊の学生たちは高校の寮に泊まっていた。高校の寮という特性上、アルコール飲料は供されない。そこでときおり、小林が宿泊していた宿の裏の公園で、小林とともに夜の宴をささやかに楽しんだ。

小林の持ってきた、シングルモルトのスコッチウイスキーがとても旨かった。

骨を壊してしまうかも……

発掘は3カ年計画だった。しかし、1年目を終えた学生たちは「3年では終わらない」と感じていた。まだまだ全身の発掘には時間がかかりそうだ。

5年くらいかかるかもしれない。

「2年目は、1年目の最後にジャケットをかけた二つの大きな母岩を掘り出すだけで終わりになるんじゃないかな」

2年目。高崎は1週間遅れて参加した。自分の眼を疑った。第二次発掘のすべての期間が必要と思われていたジャケットが、最初の1週間ですでに掘り出されていたのだ。

2年目の出だしが好調だったのは、いくつもの理由がある。最大の要因は、作業環境の改善だ。1年目は、化石を掘り出すために自分が入るためのスペースを掘るところから作業をはじめていた。しかし、2年目になると斜面がより大きく削られ、そして落石防止のネットも張られた。また、他大学の学生も参加するようになり、人的戦力も増えた。もちろん勝手もわかってきた。こうして作業は、極めて順調に進んでいく。田中と二人で進めてきた記録係には櫻井が加わるようになり、高崎も発掘のメンバーに加わることができるようになった。

現場で直接掘り出すようになって、高崎は夢を見るようになった。

夢の中でも、やはり発掘をしていた。しかし、掘っていても、その場所が骨の化石なのか、まわりの岩なのかが見分けがつかない。

似た色、似た質感の岩と骨。そうして掘り進んでいるうちに、骨らしいものを壊してしまう。

骨か。

それとも、骨ではない岩か。

そこで目が覚めた。冷や汗でぐっしょりと布団が濡れていた。現実でも、その見分けには苦労した。実際の作業では、まずは大きく削岩機で削り、そのあとに手作業でハンマーとタガネで進めていく。骨を壊すことを恐れる高崎は、ハンマーとタガネで慎重に進めた。数時間かけて、慎重に。慎重に。

「ちょっと変わってみろ」

小林がやってきた。

場所を変わると、小林は削岩機でいっきに削りはじめた。高崎が数時間かけて進めた分以上を小林は5分で掘り終える。圧倒された。そこに化石がないとわかっているからの〝大胆な判断〟だ。

さあ、どうでしょうねー

2年目の発掘も終盤にさしかかってきた9月下旬。その日、高崎は記録係をやっていた。小林から声がかかる。

「高崎くん、これからいっぱい持っていくよ」

標本整理をやっている高崎のもとに岩塊が次々と届けられた。

「変なのがやってきた」

きっと頭骨がみつかったのだ。

岩塊の切断面に見える骨の構造が、複雑だった。肋骨や椎骨、あるいは四肢の骨であればここまで複雑な構造にはならない。頭骨だからこその複雑な構造だった。

このとき、標本整理をする高崎の隣では、テレビのカメラがまわっていた。発掘の一部始終は、ＮＨＫによって記録が取られており、そのスタッフがたまたま高崎の標本整理の様子を撮影していたのだ。

頭骨であると確信した高崎だが、その言質をテレビにとられるわけにはいかない、と考えていた。生中継ではないし、映像もあとで確認できるかもしれない。しかし、「頭骨発見」という一大事を、小林以外の人間が公式に言うことはできない。

テレビスタッフも密着取材をしていれば、その骨がこれまで見てきたものではないことに気づく。高崎には畳み掛けるようにいくつもの質問が投げかけられる。

「頭ですか？」

「頭骨ですよね？」

「いよいよ大発見ですね？」

質問には慎重に答えなくてはいけない。

「手足の骨ではないですねー」

「からだの骨でもないですねー」

「さあ、どうでしょうねー」

ささやかな心理戦が展開される。

発掘は好調に進み、2年目でほぼ全身を掘り出すことができた。この速さは誰もが予想しなかったものだ。

発掘された化石はクリーニング作業に移り、高崎たち学生とは、接点がなくなった。

高崎は言う。

「もともと勉強しようと思って発掘に参加したんです。そして十分な経験を積むことができました」

さっそく、モンゴルにおける自身の研究でもこの経験が生きた。

第7章

小林さんが効率よく作業するには——田中公教

田中公教さんは小林研究室の大学院生。「学生の話も聞きたい」と小林さんに依頼したとき、「それならば」と名前が挙がった二人のうちの一人。発掘現場取材時に、2キロメートルの山道を筆者とともに歩いてくれた人物。現在は、白亜紀の海鳥を研究中。

「小林さん」

小林研究室の学生たちは、自らの指導教官である小林快次のことをそう呼ぶ。「小林先生」でもない。「小林准教授」でもない。小林の方針である。そんな小林の研究室には、多くの学生が所属している。北海道大学大学院の博士後期課程で、鳥類の進化を研究する田中公教もその一人だ。

1987年、京都府生まれ。

多くの少年少女がそうであるように、幼い頃に恐竜の図鑑や発掘記を読んでこの分野に興味をもった。しかし、多くの少年少女がそうであるように、その興味を持ち続けていたわけではなく、高校時代は同じ理科であっても、化学が好きだった。「化学好き」という点は、師である小林と同じだ。

一方で、高校生の田中は、地元の京都大学の開催する古生物学関連の公開講座や講演会にたびたび参加するようになった。京都大学は伝統的に古生物学が〝強い大学〟である。

そうした講座に参加しているうちに田中の中で、恐竜に関する興味が少しずつ蘇ってきた。

大学進学を考えたとき、その気持ちを大事にすることにした。

「化石を研究したい。そのために、まず基礎知識として地質学を学ぼう」

伝統的に地質学を重視する信州大学へと進んだ。

地質学を重視する大学においては、鉱物学や火山学、岩石学といった分野も必修単位となる。「化石に関連する地質学」を学びたくて進学した田中は、こうした〝異分野〟に戸惑った。

そして、戸惑っている学生が同期の中で自分一人という状況に、さらに戸惑った。

「みんな、意識が高い……」

化石に興味はあった。地質にも興味はあった。

しかし、田中のいた高校では地学は理系の科目としては開講されておらず、文系に所属しない限り選択できなかった。途中まで化学に興味があって理系に進んでいた田中は、高校時代に地学に触れることはできなかったのである。

地学は「文系の中の理科」。

そんな間違った認識は、かねてより日本の理科教育における問題の一つとなっている。いわゆる理科の四科目である、物理・化学・生物・地学のうち、地学だけが高校理科の中で〝文系扱い〟されているのだ。大学入試で地学を選択できる理系大学が少ないことが根本たる原因とされているし、そもそも地学を教えることのできる理科教員は、他の3分野と比較すると少ないという現実がある。

高校地学がそんな散々たる状況なので、大学の地学系教室は、高校で地学を履修してきたものばかりが集まるわけではない。むしろ、少数派である。

しかし、そんな環境下であるからこそ、伝統のある地学系教室に進学する学生は意識が高い傾向にある。高校で地学を履修してきた学生に加え、独学で地学を学んできた学生も少なくなかった。

同期の仲間に話しかけると、スラスラと鉱物の名前がたくさん出てきた。

田中はカリキュラムの中の地質学、つまり岩石学、鉱物学、火山学、堆積学などをすべて身につけようとした。しかし当初、それらの面白さが理解できず、難しさを感じていた。

結果として、学部2年次のときに、鉱物学に関する単位を落とす。

「あいつはだめだな」

そんな声を漏れ聞いた。

悔しい。

初心に戻り、勉強をし直すことにした。新たな知識が身についてくると、次の知識が欲しくなる。学部3年次のときの進級論文。特定の地域の地史を明らかにするという課題研究をやるころには、化石に直接関係していない地質学もオモシロイな、と思うようになった。

卒業論文では、地質学の中の一分野である堆積学をテーマにした研究を進めた。

一方で、「化石のための地質学」を考えていた田中は、「化石」については積極的に動き出した。田中にとっての「化石」とは、「恐竜などの中生代の大型脊椎動物の化石」だった。

これは珍しいことではない。「化石が好き」「化石を学びたい」と思っていても、高校時代までに化石に触る機会がさほどなかった学生は、幼いときの興味をそのまま持ち続ける。その場合の興味の対象は、往々にして知名度の高い大型の脊椎動物だ。

「大学院で脊椎動物の化石を研究したい」

そのために進むべき大学院を学部2年次から探しはじめた。

学部3年次になると信州大学では講義の一環として、北海道への巡検が行われた。北海道内の地質の名所を見学したり、博物館を訪ねたりする〝旅〟である。このとき、北海道大学に恐竜を研究する小林がいることを知った。

巡検後、さっそく田中は小林に「恐竜を研究したい」旨を書いたメールを送った。小林からの返信は「会いましょう」とのことだった。

田中は再び北海道にわたり、小林や小林研究室の学生たちと初めて会った。多くの情報を得た田中は、北海道大学大学院小林研究室への進学を決意した。そして、大学院入試を突破して、籍を北海道大学へと移す。

しかし、正式に札幌にやってきた田中は、小林研究室の実態に衝撃を受けた。意識が高い、というレベルではなかった。圧倒的だったのだ。

小林研究室は、学部1年生でもゼミを受講できるという形態をとっている。論文を読むこともできる。これは、全国でも珍しいやり方だ。「ボランティア」という形で、年次を問わず化石のクリーニングや整理も経験できる。

結果として、小林研究室の所属学生は、いわば〝叩き上げ〟ばかりだった。学部4年次に正式に研究室に配属される前に、すでに一定以上の知識を身につけていたのだ。大学院生の田中よりも、学部生の後輩の方が知識が深い。そんな状況だった。

焦りを感じた。

それでも、博士前期課程（いわゆる修士課程）に3年間（標準期間は2年間）を費やしたことで、自身の今後の研究テーマも決まり、海外の研究者との交流もはじまって、着実に研究者の道を歩みはじめた。

福井とはちがう

ある日のゼミの茶飲み話の中で、小林が突然話を持ち出した。

「今度、むかわ町で恐竜の発掘を行うことになった。参加してみたい人はいないだろうか」

普通の雑談の中で、突然、大切な話が始まる。小林の癖だ。

詳細は知らされなかったが、学生たちの間では、とりあえず日程の調整をはじめることにした。小林からは、とくに小林自身が別件で穂別を離れる時、田中が現場にいるように指示された。田中が小林不在時の滞在を指示されたのには理由がある。実は、田中にとって「恐竜化石の発掘」は初めてではなかった。信州大学ですごした学部生時代、福井県で行われていた恐竜発掘に毎年参加していたのだ。その経験を買われたのである。

田中がむかわ町穂別を訪ねるのは、この発掘が初めてだ。もっとも、穂別博物館の西村智弘の名前は知っていた。福井県の恐竜化石の発掘に参加していた折、京都大学からやってきていた学生たちからその名前を紹介されていたのだ。

「鬼の西村」

アンモナイト研究に打ち込む西村は、そんな風に後輩たちに呼ばれていた。

正直、会うのはかなり怖い。

しかし、実際に会ってみるとそんなことはなかった。ほっと安心した。

丁寧にいろいろと教えてくれる優しい研究者。それが、田中の西村に対する第一印象である。〝後輩〟の評判なんて、あてにならないものだ。

小林に誘われるままにむかわ町の発掘に参加することになった田中は、現場で露頭を見ても、なんら感想を抱くことはなかった。

ただただ必死だった。

田中が当初より重視していたのは、いかに小林が作業を効率よくできるかどうかだ。発掘の中核を担い、指揮をとる小林が動き回れる状況を整えた方が、全体の発掘は早く進むはず。

自分では、福井県での発掘経験が役に立つと思っていた。

しかし、実際にはそんなことはなかった。

穂別の発掘現場の岩石と、福井県の発掘現場の岩石では、岩石の「硬さ」が大きく異なったのだ。穂別の岩石も硬いが、福井県の岩石はもっと硬かった。つまり、相対的に言えば、穂別の岩石は、福井県の岩石よりも「軟らかい」のである。そのため、作業工程も穂別と福井県では大きなちがいが出た。少なくとも田中が参加したときの福井県の現場では、化石をそのまま現場から博物館に運びこんでいた。

しかし、穂別では岩石が軟らかいので運搬中に破損の恐れがあった。そこで、小林は「ジャケット」の作成を指示した。水で溶いた石膏を麻布にしみこませ、骨を周囲の母岩ごと包む「ジャケット」をつくる。そうやって保護してから運び出すのである。

このとき、田中は初めてジャケットのつくり方と注意点を学んだ。骨格のまわりの母岩を削りすぎてはならない。ジャケットに骨格化石のまわりの母岩をつかませること。麻布と母岩の間に隙間をつくってはいけない。隙間があると、搬送中にジャケット内で化石がシェイクされて台無しになる……などである。

水で溶いた石膏は、さほど時間をおかずに固まりはじめる。そのため、作業は速やかに行う必要がある。また、やり直しができない作業でもある。ジャケットをつくるときには、緊張感が漂った。

発掘が1週間も経つと、少しずつみつかる化石が増えてきた。骨の断面が見えるノジュール。骨とわかる細長い〝棒〟。掘り出された岩と化石は、現場の一角に積まれていた。

田中は、たまたまその化石の山の近くで作業をしていた。そして、手があいた時に、その化石を整理することにした。写真をとって、標本番号をつけて、リストに記入する。何気なくはじめたその作業が、しだいに田中の仕事で大きな比重を占めるようになってきた。

そのうち、恐竜化石の発掘を進める前線には立てなくなっていった。研究室の後輩にあたる高崎とともに、ただひたすらに記録をつづけるという作業が常態化した。

それでも、現場をまわすことが大切。空いた時間は、小林が次に何の作業をすれば良いのかを見極めて準備をすることを考えた。

「どこが骨ですか?」とはなかなか聞けない

発掘から数日が経過したころのことだ。恐竜化石の周辺が、作業しやすいようにしだいに掘り込まれていった。

「恐竜化石を発掘している」

初めて、その実感を覚えた。周囲の地層が掘り込まれたことで、地質構造がくわしくわかるようになったのだ。ほぼ垂直な方向に埋まる骨が見えてきた。

やがて、大腿骨がみつかり、肋骨が顔を出してきた。

「一体分ありそうだな」

ただし困ったこともあった。実は恐竜化石と母岩の区別が、極めて難しかったのだ。とくに地層の浅い場所に埋まっていた骨は、母岩とほぼ同じ色をしているように見えた。

小林を見ていると、そんな骨と母岩を見極めて、ものすごい速さで掘り進めている。

その技術を盗もうと、田中はしばしば小林の隣に立った。

ボソボソと小林の独り言が聞こえてくる。

「お、これも骨じゃん」

……わからなかった。

しかし、小林に「どこが骨ですか？」と聞くのはためらわれる。

「お前はどう思うの？」

そんな問いが返ってきそうで、ちょっとだけ怖

発掘をする小林。隣に立つと、ボソボソと独り言が聞こえてくる。
（Photo：むかわ町穂別博物館）

かった。

「これも……骨……ですよね？」みたいに小林の顔を見ながら、見よう見まねでやることにした。

2年目になると記録係に穂別博物館の櫻井が加わった。

一人加わるだけで、だいぶ楽になった。田中も恐竜化石を直接触れる前線に出る機会が増えた。作業も慣れてきたし、骨と岩の区別もつくようになった。他大学から参加する学生も増えた。格段に作業スピードが上がった。

あるとき、小林が母岩の一角を指差した。

「頭があるとしたら、ここだ」

その言葉の通りの場所から頭骨がみつかった。

頭が残っていたという嬉しさを感じる間もなく、緊張が高まった。何しろ、頭の骨は複雑にできている。小さな骨が突出しているかもしれない。作業は慎重に。慎重に。

それでもなんとか頭骨が入っていると思われる骨を掘り出した。

頭骨を掘り終わると、「とにかく取ることができるものは、全部取り出してしまおう」という雰囲気が現場に生まれた。最終日までの時間をかけて、ほぼ全身を回収することができた。

どこをどのように掘れば、どのような骨が出てくるのか。

これまでに福井で恐竜発掘に携わってきたけれども、自分の実力不足を実感し、師である小林とのレベルの差を感じた発掘だった。

日本ではなかなかできない経験だったけれども、やはり海外のフィールドで鍛えなくてはいけない。田中はそう思う。

「穂別の化石は、まちがいなく日本の古生物学史に残るものとなるでしょうね」

第8章 復元画誕生——服部雅人

復元画を描いた服部雅人さんはCGを得意とするイラストレーター。近年、小林さんが国内外で研究発表をするときに、しばしば新種などの復元画を作成している。本書の恐竜イラストはすべて服部さんの作品である。

2014年1月17日。「平成25年度恐竜発掘成果報告」と題して、北海道大学と穂別博物館が連名でプレスリリースを発表した。

日本古生物学会第163回例会の学会発表を1週間後にひかえてのタイミングで配布されたこのプレスリリースでは、第一次発掘の詳報と、それを受けての海外研究者からのコメント、そして、恐竜の遺骸が流されている様子を描いた復元画（口絵⑨）が発表された。

腹を上に向けて水中を漂う1頭の恐竜。

一目見て、すでに息絶えていることは明らかだ。その遺骸の周辺にはアンモナイトが漂い、モササウルス類が泳いでいる。

肉食性であるモササウルス類は、この遺骸を見て何を思うのか。見慣れぬものに警戒をしているのか。明らかにその存在を認識しているのに、なぜか近寄っては行かない。モササウルス類がこの遺骸を食い荒らしていたら、化石が全身綺麗に残るなんてことはない。

……ということは、結局のところ、彼らはこの見慣れぬものにはチャレンジしなかったのだ。ひょっとしたら満腹で、食べる気が起きなかったのかもしれない。

そんな物語を感じる復元画である。

全身の発掘とクリーニングが終了していないこの段階の復元画は、異例ともいえる。研究の進展によって、絵の中核である恐竜の姿が変わるかもしれない。

しかし、この一枚の絵が、当時の穂別の環境と恐竜を周知させることに大いに役立つことになる。以降、穂別の恐竜をめぐるイベントでは、この復元画が頻繁に用いられることになった。

この復元画を描いたのが、愛知県名古屋市在住のイラストレーター、服部雅人だ。

2Dと全く異なる3D作画

服部は「物心がついたときには、すでに絵を描いていた」と自身で振り返るほどの〝絵好き〟である。そんな服部の作品のテーマは、一貫して「生命《いのち》」だ。動植物が登場する絵を昔から好んで描いてきた。

服部の作品に恐竜が登場するようになったのは、1993年に映画『ジュラシック・パーク』を見てからだ。自然と自分の作品に恐竜が登場することが多くなっていった。

この頃の服部は、「絵を描く」とはいっても、それはもっぱら「個人的な趣味として」である。描き上がった作品は、画材企業などが主催する展覧会などに応募していた。ときには、入選をすることもあった。また、恐竜を描くようになってからは、地元の名古屋市科学館に作品を寄贈するようになった。名古屋市科学館とはその後もつきあいが続き、現在では新作の依頼もある。２０１６年春に同館で開催された企画展では、メインイラストレーターも務めた。

穂別の恐竜の復元画を見てわかるように、現在の作品の多くは、コンピューターグラフィックス（ＣＧ）でつくっている。しかし、もともとはアクリル絵の具を使用して作品を描いていた。

復元画の世界は、この20年で大きく変化した。

かつて、リアルイラストといえば、手描き作品が中心だった。ＣＧ作品には「新しさ」を感じることはあっても、とくに動植物などの生物は「手描き」と比較して「生きている感覚」が乏しかったものである。

しかし、時代は生物画にもＣＧを要求するようになっていった。とくに出版界においては、手描き作品は誌面データにする際に「データ化」という作業が必要になる。それは、スキャンであったり、撮影であったりする。

ＣＧにするということは、単純にいえば、この「データ化」の作業を省くことにつながる。その分、工程にもコストにも余裕ができるというわけだ。かつては分業でやっていたことが、パソコン環境の発達によって一人でいろいろとこなせるように（こなせなければいけないように）なっていた。出版界全体の方向性として、短期間かつ低コストで制作できるＣＧへと移行していったのである。

ＣＧとはいっても、３Ｄ作品に一足飛びで移ったわけではない。もともと手描きで活動してきたイラストレーターの多くが移行したのは、ＣＧによる２Ｄ作品である。タブレットなどを使用して、手描き感覚でモニターの上に絵を描く手法だ。

服部がＣＧにチャレンジするようになったのは、２００５年だ。Macintosh を購入したことにより、環境が整ったのがきっかけとなった。

一般に Macintosh は作画などのクリエイトに向くとされる。服部は「Painter」というソフトを使い、２Ｄ作品を描きはじめた。

実は服部は、絵を描くことは得意でも、画材の整理や管理はさほど好きではなかった。コンピューター上で描けば、そうした管理に気を配る必要はないし、作った色の保存（登録）や、修正も容易である。最初はその手間を省けるという点に惹かれた。

今後の可能性を感じた服部は、しだいにＣＧ作品の比重を高めていった。ほどなく、２Ｄだけではなく3D技術の習得もはじめた。

やってみてわかった。

2Dと3Dでは、制作感覚がまったく異なるのだ。3Dに慣れるまでは、『絵を描く』という感覚がなかった。

それでも、鱗等の描写が得意な「Zbrush」というソフトに出会い、服部は3D制作にのめり込んでいくことになる。現在の服部の手法は、「Zbrush」を主体とし、背景が必要な場合は、背景描画を得手とする「Vue」を使用し、最終的に「Photoshop」で描き込みをするという。

一方で、服部は1990年代から自身のホームページを制作し、作品を発表してきた。ホームページで作品を発表しつつ、「画像を貸し出す」サイトにも登録し、テレビ番組などに作品を貸し出すようになった。

このとき、一度、貸し出した作品が、そのテレビ番組を監修する研究者の判断で、直前に不採用になったことがある。個人で描くことと、科学的な正しさを追求することのちがいをこのときに知った。

そんな服部が、北海道大学の小林快次とともに作品を仕上げていくようになったのは、2013年からである。小林を含めた複数の研究者が協力した『大人のための恐竜大図鑑』(洋泉社)というムックで、メインイラストレーターを担当したのがきっかけだ（ちなみに同書の執筆は、筆者が担当している）。以降、小林の依頼を受けて、学会発表やプレスリリース用の作品を描いてきた。

依頼は突然で短期間

それは、突然やってきた。

２０１４年1月8日の深夜、小林からの一通のメール。

「北海道から発見されたハドロサウルス科の恐竜について記者発表をしたいと思っております。その際に、まだ全身がクリーニングされておらず、研究も行われていないため、どのような恐竜かはわからないのですが、流されている復元画ができないかと思っております。もしできれば記者発表の資料につけたいと思っているのですが可能でしょうか？」

イメージとしてネット上の画像と、プレスリリースの原文がついていた。ハドロサウルス科の恐竜と、モササウルス類、アンモナイトを登場させたいという。イメージの参考とされた画像には、水中に浮かぶハドロサウルスと、２匹のサメが描かれていた。

1月9日に送信された復元画。これが“たたき台”となった。

服部は、研究者から依頼が来ると、まず、そのメールを繰り返し読むようにしている。思い込みで描かないようにするためだ。それが、服部の手法の第一歩である。

すでにこのころとなると、服部のデータベースの中には、過去に3Dでつくったハドロサウルス類も、モササウルス類も、アンモナイト類も素材があった。

3D作画の利点は、こうした過去のデータを再利用できることだ。任意のアングル、任意の色への変更が容易である。ポージングの変更も難しくはない。

小林のメールから7時間後、翌9日の朝5時48分に「サンプル」として服部は、第一陣を送った。服部のやり方では、このサンプルが「たたき台」となる。

修正指示の嵐

ここからの研究者とのやりとりが慌ただしい。

同日15時29分には小林がそのイラストを確認した旨と、ハドロサウルス類のトサカをなくすこと、モササウルス類の頭部と尾を修正することなどが指摘された。あわせて、いくつかの追加資料が添付されていた。そのメールは、cc（Carbon copy）で穂別博物館の西村智弘にも同送されており、アンモナイトのチェックを西村が担当する旨が記されていた。

そのメールを受けて、16時16分には西村からメールが服部に届く。アンモナイトの化石と、細部の特徴が記されていた。また、周囲の地層では、ウミガメの化石も産しており、その資料も添付されていた。

復元画の構図が大きくかわったのは、この西村のメールがきっかけである。この段階まで、小林が最初に示したイメージ画像も、服部のサンプル画像も、浮遊するハドロサウルス類は、四肢を下に向けていた。

しかし、このメールで西村はあることを指摘する。

「死後の恐竜の〝姿勢〟ですが、腐敗ガスがたまった腹部が上に向くように思います。頭が重力に引っ張られて、首も曲がっていると思います」

ハドロサウルス類の姿勢が「上下逆」というわけだ。このメールに対して、即座に小林は賛意を示すメールを送っている。

手描きであれば、こうした指示に応えるには、描き直しになる。かなりの手間である。しかし、3Dで素材をつくってあれば、必要な時間は大きく短縮できる。ハドロサウルス類のデータだけを上下反転させ、多少の修正を加えれば良い。服部は、自身の作業として、スピードを重視している。研究者たちとのやりとりを迅速に密に何度も繰り返すことで、作品の精度を上げていく。

小林と西村の指示を受けて、服部は翌11日の朝7時6分に修正版を送信した。こうしてできあがった修正版は、かなり現在のイメージに近い。服部は、「さらに修正が必要でしたら、遠慮なくお知らせください」という一言を書き添えた。

もちろん、遠慮なんてされなかった。

12時11分、西村からアンモナイトへの修正指示が届く。殻の巻きについての、その幅や中心部分の落ち込みなどだ。これに対して、3時間で修正対応をし、15時13分に再修正版を服部は二人に送った。

1 月 11 日 7 時送信の復元画（上）と、同日 15 時送信の復元画（下）。

15時54分、小林からはハドロサウルス類を水面近くに浮遊している雰囲気とし、アンモナイトやカメ類を下げるように指示が届く。そして、16時51分には、アンモナイトについての再修正指示が西村から届いた。

服部はこれらの指示にもすばやく対応し、17時45分に再々修正版を二人に送った。その日のうち

完成した復元画。1月11日、18時近くのことだった。

に二人からは、「了」とする旨の返信が届いた。

最初に小林から依頼があってから、わずか3日間の作業だった。

かくして、記者発表以降現在に至るまで、穂別恐竜をイメージする代表的な作品が完成した。描いているうちは、その価値がよくわかっていなかった。記者発表が報道されて、はじめて北海道で恐竜化石が産出したことの重要性がわかった。3日間の作業期間は、学術的な価値に思いをはせる余裕もなかったのだ。

小林からに限らず、研究者の依頼を引き受けるようになって、「突然の依頼で」「短期間での仕上がりを要求され」「修正が多くなる」ということを「当然のこと」と考えるようになった。個人で趣味で描いていたときとの大きなちがいである。

そんな服部が感じるのは、「研究者が難しいと思っている修正が実は簡単であったり、簡単と感じられている修正が実は難しかったり」という〝温度差〟だ。

だから、服部はとにかく研究者からは「遠慮のない意見」を聞くことを重視している。めざすは、研究者の指摘を確実に理解し、すばやく実現できるような「職人」である。

第4部

ハドロサウルス類

第1章　白亜紀後期という時代

地層の時代を決めることのできる化石を「示準化石」という。

地層がいったいいつできたのかを特定することのできる化石だ。時代が特定できれば、世界中の同時代の地層と比較をすることで、その時代の〝空間〟を知ることができる。また、前後の時代の地層と比較すれば、その場所の〝時間〟の変化を知ることができる。

示準化石はとても重要なものとして扱われる。

示準化石の条件としては、「広範囲に生息（分布）していた」もので「短期間で絶滅した」ものであることが挙げられる。

広範囲に分布すれば、世界中の地層と比較する鍵となる。

短期間で滅んでいれば、その〝レアさ〟からピンポイントで時代が特定できる（長期間にわたって滅ばなかった種は、その化石が出ても地層の時代を特定しにくい）。

陸棲動物よりも海棲動物の方が海流に乗って生息域を広げるため、優れた示準化石となりやすい。

北海道の蝦夷層群と函淵層群では、こうした示準化石が豊富に産出する。そのため、蝦夷層群と函淵層群を構成する地層は、世界的にみても時代を決めやすい。

その精度は、世界トップクラスである。

地層の時代が精度良く決まるということは、その地層から産出する示準化石以外の生物についても、「いつの時代の生物なのか」がよくわかるということである。

そもそも一般に「恐竜時代」といわれるのは、地球史でいうところの「中生代」という時代になる。約２億５２００万年前から約６６００万年前の約1億８６００万年間だ。中生代はさらに三つの時代に分けられており、古い方から「三畳紀」「ジュラ紀」「白亜紀」の三つに分けられる。このうち、白亜紀は約1億４５００万年前から約６６００万年前の７９００万年間を指す。

白亜紀は約1億年前を境として、「白亜紀前期」と「白亜

白亜紀後期の地質時代

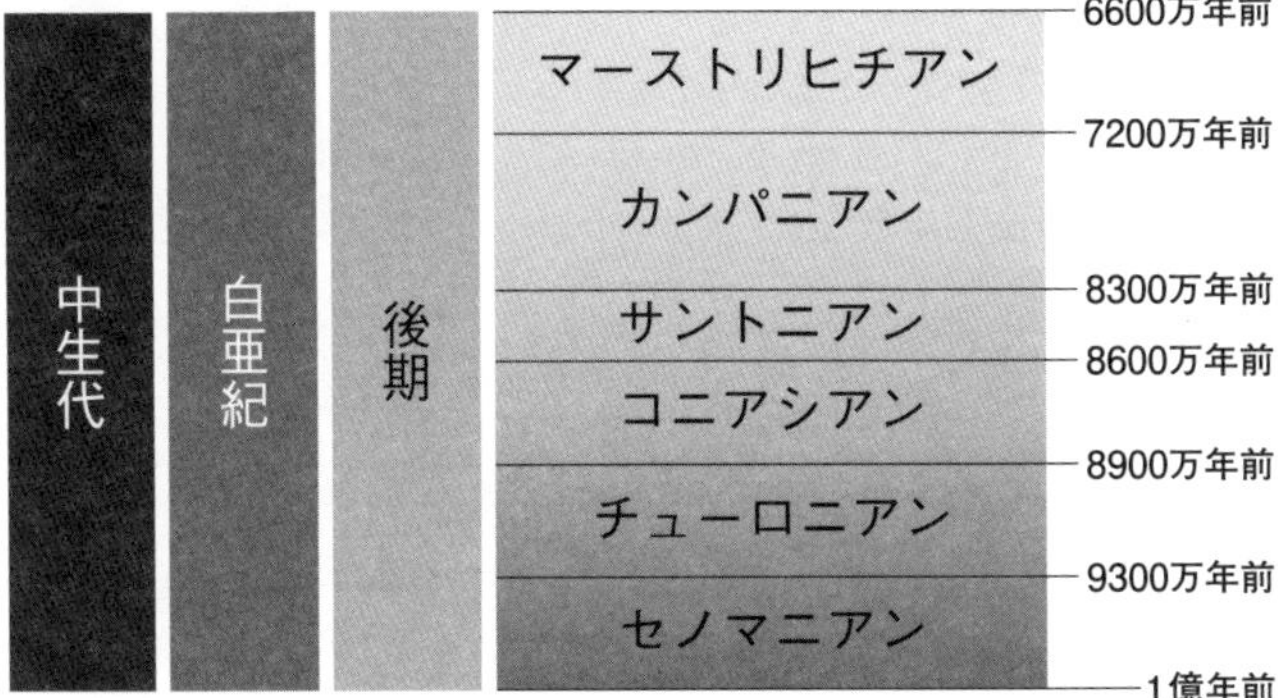

紀後期」の二つの時代に分けられる。そして、白亜紀後期はさらに6つの時代に細分され、古い方から「セノマニアン（Cenomanian）」「チューロニアン（Turonian）」「コニアシアン（Coniacian）」「サントニアン（Santonian）」「カンパニアン（Campanian）」「マーストリヒチアン（Maastrichtian）」と呼ばれている。これらの時代には、「三畳紀」や「白亜紀」というような定着した和名がない。

穂別の恐竜が生きていた時代である「マーストリヒチアン」は、恐竜時代の「最後の時代」ということになるわけだ。国際地質科学連合の国際層所委員会が2016年にまとめたところによると、そのはじまりは約7210万年前で、穂別の恐竜が生きていたとされる時代の直前である。もっとも、穂別博物館の西村智弘によれば、今後の研究次第では「カンパニアン最末期」というように、時代が変更されるかもしれない。誤差のレベルで二つの時代をまたぐ可能性はある。

「マーストリヒチアン」という時代名は、多くの人々にとっては聞き慣れないかもしれない。しかし、この時代に生きていた恐竜たちは、おそらく他のどの時代の恐竜よりも有名だ。代表は、かの肉食恐竜「ティラノサウルス・レックス（***Tyrannosaurus rex***）」。ティラノサウルスが北アメリカ大陸に君臨していたのも「マーストリヒチアン」である。

ティラノサウルス・レックスの近縁種は当時アジアにも生息していた。その名も「タルボサウルス・バタール（***Tarbosaurus bataar***）」。大きさはティラノサウルス・レックスよりも一回り小さく、全長は9メートル前後とされる。その化石は、モンゴルや中国から発見されている。日本の〝近所〟にも、ティラノサウルスの仲間がいたのだ。

ティラノサウルスの仲間の化石が、今後、函淵層群から発見されることがあるかもしれない。

さて、白亜紀という時代は、現在よりも温暖な気候だったことが知られている。

中生代の他の二つの時代はもとより、他の地質時代と比較しても、少なくとも化石で地球の環境が本格的にわかるようになって以降最も暖かい時代だった。北緯45度付近まで熱帯性の気候だったという指摘もあるくらいだ。これは、現代日本の最北端、稚内に相当する緯度である。陸上植物の世界ではすでに被子植物が登場して数千万年の歳月が経過しており、各地の森林の構成員は現在のものとほとんどかわりはなかった。

地球のどこを探しても氷河がない時代である。

海水準は今よりも高く、世界中のあちこちが水没していた。ユーラシア大陸も、現在のウラル山脈付近を境に東西に2分されていた。北アメリカ大陸も、ロッキー山脈の東側付近を境に分断されていた。

一方で、地殻変動によってベーリング海峡は「陸峡」となり、北アメリカ大陸西部とアジアは陸続きだった。当時は、日本列島はまだ誕生しておらず、アジア大陸の東端に位置していた。

Tyrannosaurus rex

ティラノサウルス・レックス

Tarbosaurus bataar

タルボサウルス・バタール

竜盤類獣脚類に属する肉食恐竜。全長は、アジアの肉食恐竜としては最大級の9.5m。モンゴルや中国北部から化石が発見されている。穂別で発見されたハドロサウルス科の恐竜とほぼ同時代に生きていた恐竜である。

©Masato Hattori

竜盤類獣脚類に属する肉食恐竜。全長は、タルボサウルスよりも一回り以上大きい12m。堂々たる「肉食恐竜の帝王」である。北アメリカに生息していた。アジアのタルボサウルスは、サイズ以外は本種とよく似る。

©Masato Hattori

約2億5000万年前の三畳紀初頭にはすべての大陸が集まって、超大陸「パンゲア」をつくっていた。パンゲアの分裂は三畳紀末にはじまり、白亜紀は「分裂の時代」の途上にある。北アメリカと南アメリカ、インドとアジア、アフリカとヨーロッパは分裂状態で、それぞれ独立した大陸だった。一方で、オーストラリア大陸と南極大陸は陸続きだった。分裂の時代だけれども、まだ完全には分裂は終わっていない。

穂別の恐竜が生きていたころから約600万年後には、一つの巨大な隕石がメキシコのユカタン半島付近に衝突し、鳥類をのぞく恐竜を絶滅させることになる。

600万年。

白亜紀の7900万年間から見れば、「あっという間」に見えるかもしれない。

しかし例えば、私たち人類が出現したのが今から700万年前であることを考えれば、まだまだ「滅び」までの時間がある時代ともいえる。

穂別の恐竜が生きていたのは、そんな時代だ。

第2章

穂別の恐竜の〝正体〟

穂別で発見・発掘された恐竜化石は、本書執筆時点でクリーニング中である。したがって、現段階でこの恐竜化石についてわかっていることは多くはない。

「ハドロサウルス類（科）」に属することまでがわかっている。

ハドロサウルス科は、恐竜類の鳥盤類の鳥脚類というグループに属する恐竜である。「鳥」という文字が2回登場するけれども、このグループは鳥と祖先・子孫の関係はない。鳥盤類には他にも背中に板をほぼ垂直に並べた剣竜類や骨の鎧をもつ鎧竜類《よろいりゅうるい》、大きなツノとフリルを頭部にもつ角竜《つのりゅう》類《るい》、頭骨がヘルメットのように盛り上がっている堅頭竜類《けんとうりゅうるい》などがいる。

有り体に書いてしまえば、鎧竜類や角竜類などのグループと比較すると、鳥脚類の恐竜は地味である。とりわけ目立つ特徴がない。

しかし実は、このグループは「植物食恐竜のスペシャリスト」として知られている。

地味だけれども、スゴイやつら。

それが鳥脚類なのだ。アメリカ、ロード・アイランド大学のディビッド・ファストフスキー博士たちが著した『恐竜学入門』の第2版（2015年刊行）では、「恐竜類のなかでも最も標本数が多く多様で、最も長い期間存続したグループである」と紹介されている。

最も古い（初期の）鳥脚類は、ジュラ紀初期（約2億年前）の南アフリカに出現している。当時、超大陸パンゲアの分裂は始まったばかりで、まだ多くの大陸が陸続きだった。そのため、鳥脚類は世界中にその分布を広げ、各地で進化を重ねてきた。

概ね初期の鳥脚類は全長2メートル以下の小型種が多いとされ、のちには全長10メートル超の種も出現するようになる。

鳥脚類の恐竜として、おそらく最も知名度が高いのは、「イグアノドン（***Iguanodon***）」だろう。イグアノドン類（科）の代表種で、全長8メートル、体重3トンほどの大きさ。恐竜研究史の最初期にイギリスの白亜紀前期の地層からその化石が発見されたことで知られている。その名前は「イグアナの歯」を意味する。発見された歯の化石が、現生のイグアナのものに似ているからだ。発見は19世紀初頭のことで、当時はそもそも「恐竜」という概念さえなかった。のちに、イグアノドンを含む複数の種をまとめて、初めて「恐竜類（Dinosauria）」という言葉がつくられた。

イグアノドンは、からだの大きさは中型であるけれども、鳥脚類としては初期のメンバーである。

穂別の恐竜が属するハドロサウルス科は、鳥脚類の中では進化型だ。なにしろ地味なグループなので、一見してイグアノドンとのちがいはわからないかもしれない。しかし口先を見ると、平たいクチバシ状になっていることに気づく。まるで、現生のカモのような形状をしているこの吻部《ふん》にちなんで、ハドロサウルス科の恐竜のことを日本語で「カモハシ（鴨嘴）竜」や「カモノハシ（鴨の嘴）竜」などと呼ぶ。英語では、「duck-billed dinosaurs」だ。

さらに、口の中を見ると初期の鳥脚類との差は瞭然だ。ハドロサウルス科の顎の内側には、まるでひまわりの種のような形をした歯がびっしりと隙間なく並んでいるのである。

これを「デンタルバッテリー」という。

びっしりと隙間なく並んだ歯は、合計で１０００

Iguanodon

イグアノドン

鳥盤類鳥脚類の代表的な植物食恐竜。全長８m。ヨーロッパの地層から化石が発見されている。穂別で発見されたハドロサウルス科の恐竜とは同じ鳥脚類の恐竜であるが、生息時代は数千万年こちらの方が古い。

©Masato Hattori

個を超えることもある。そのほとんどは「予備の歯」だ。最上段の歯が使用されてすり減ると、次の歯が下から間断なく補充される仕組みになっていたと考えられている。

この歯も、極めて高性能だった。

アメリカ、フロリダ州立大学のグレゴリー・M・エリクソンたちが、ハドロサウルス科の代表種の一つである「エドモントサウルス（*Edmontosaurus*）」の歯の構造を調べたところ、6種類の組織で歯がつくられていることが明らかになった。

爬虫類の歯は、多くの場合で2種類の組織でつくられている。一方で、現在の代表的な植物食動物である哺乳類のウシやウマは合計4種類の組織でつくられている。

組織の数のちがいは、すり減っていったときに現れる凹凸の数に反映される。組織がちがうということは、同じものを食べていてもそのすり減り具合が異なることを

ハドロサウルス類の下顎（の内側）、細かな歯が並ぶ。　（Photo：オフィス ジオパレオント）

意味する。したがって、すり減りが進めば進むほど、組織の数だけ凹凸がつくられる。そして、凹凸が増えれば増えるほど、歯の〝すり潰し性能〟が増す。

多くの爬虫類の歯が2種類の組織だけでできているというのは、さほど驚くことではない。植物食性であったとしても、彼らは歯で植物をすり潰すのではなく、そのまま丸呑みをして胃に送り込む。例えば、恐竜の中でも代表的な植物食性のグループである竜脚類は、一緒に石も呑み込むことで、胃の中で植物をすり潰していたとみられている。したがって、基本的に彼らの歯は、植物をすきとったり、ついばんだりするためのものなのだ。

一方のウシやウマなどの歯の組織数が多いのは、食料の対象とする植物故である。彼らは、草を主食としている。

一般にいう「草」とは、イネ科の草本類を指す。イネ科の草本類は「プラントオパール」と呼ばれる生体鉱物を生成し、これが硬い。「草で手を切った」という経験のある方は、身を以て体験されていることだろう。ウシやウマは、この草を口内ですり潰して食べているのだ。4種の組織は、その際に役立つのである。

では、エリクソンたちが調べたというエドモントサウルスの歯はどうだったのか？

エドモントサウルスは、ウシやウマを上回る6種類の組織数が確認された。少なくとも組織数だけに注目すれば、ウシやウマを上回る極めて高性能だったということになる。そのため、エドモントサウルスに代表されるハドロサウルス類のことを「白亜紀のウシ」とも評するくらいである。

本書の監修者でもある北海道大学の小林快次は、著書『恐竜は滅んでいない』の中で、ハドロサウルス科のクチバシと歯にも言及している。「カモのクチバシ」とも評されるほどの平たいクチバシは、機能的にみれば哺乳類の切歯に相当するとし、これが植物をついばむことに役立ったという。そして、優れた植物食性能をもつ歯およびデンタルバッテリーは、植物を口内で細かくすることを可能にしたと指摘する。「ほかの恐竜よりも効率的に栄養をとれるようになったにちがいない」と小林はいう。

エドモントサウルスは、ティラノサウルスの〝食事メニュー〟としても知られている。あるエドモントサウルスの標本の背に、何らかの肉食動物によって噛まれ、そしてその場所が治癒したと見られる痕跡が確認されているのだ。

噛まれたと見られるその場所は、地上から3メートル近い高さにあった。日本の一般的な戸建て住宅で言えば、1階の天井よりも高い位置である。そのエドモントサウルスの化石と同じ地層から発見されている肉食動物で、その高さに噛みつくことができる〝長

Edmontosaurus

エドモントサウルス

鳥盤類鳥脚類の植物食恐竜。全長９m。北アメリカの地層から化石が発見されている。頭部に軟組織でできた小さなトサカをもつことが近年、明らかになった。穂別で発見された恐竜と同じハドロサウルス科に属する。

©Masato Hattori

Maiasaura

マイアサウラ

鳥盤類鳥脚類の植物食恐竜。全長７m。アメリカの地層から化石が発見されている。「子育て恐竜」としてよく知られている。その名も「良い母」に由来する。穂別で発見された恐竜と同じハドロサウルス科に属する。

©Masato Hattori

身の肉食動物〟はティラノサウルスだけだ。

そのため、ティラノサウルスがエドモントサウルスを襲っていた可能性が高いとみられているのである。

ちなみに、エドモントサウルスのその傷が治癒しているということは、ティラノサウルスに襲われても、無事、逃げることができたことを示唆している。死んだ後に噛まれたのであれば、治癒することはないからだ。

エドモントサウルスをはじめとするハドロサウルス科は、なにしろ数（個体数）が多い。ティラノサウルスにとっては、ちょうど良い獲物だったのかもしれない（とくに、防御のための武装も発達させていないことだし）。

もう少し、ハドロサウルス科の話を続けよう。

ハドロサウルス科の有名な〝構成員〟に、「マイアサウラ（*Maiasaura*）」がいる。アメリカ、モンタナ州のカンパニアンの地層から化石が発見されている恐竜だ。穂別の恐竜よりも数百万年前の世界を生きていた。全長7メートルほどで、他のハドロサウルス科とさほど見た目はちがわない。

マイアサウラが有名であるのは、マイアサウラ自身よりも、その巣の化石による。

1978年に発見されたマイアサウラの巣は、円形の土の盛り上がりの中に15体分の幼体化石と、卵の破片があった。

卵の破片は細かく砕かれており、これは巣の中で幼体が歩き回ったことによると解釈されている。例えば現在のウミガメは、生まれてから巣に〝定住〟せずに、すぐに独り立ちして旅立つ、そのため、卵はその形を保つことが多い。しかし、マイアサウラの子たちは、卵が細かく砕かれるほどの期間、その巣の中で暮らしたということになる。

一方で、幼体の歯が摩耗していたことから、何らかの植物をすでに食べていたこともわかった。実際、巣の中からは、植物化石も発見されている。

しかも、発見された巣は一つだけではない。多数の巣がある地域にまとまっていた。つまり、営巣地をつくっていたのだ。そして、その営巣地では、巣と巣の間隔は成体が歩くのには十分であるほどに離れていた。

こうした状況証拠から、マイアサウラは成体が巣にいる幼体に植物を運び、育てていたと考えられている。この「子育て」が、実の母が実の子を育てていたのか、あるいは、群れとして成体が幼体をまとめて育てていたのかは不明だが、ともかくも「子育て」をしていた可能性が高く示された例である。

マイアサウラの学名はこうした生態を反映している。「***maia***」とは、ギリシア語の「母」に由来

Parasaurolophus

パラサウロロフス

鳥盤類鳥脚類の植物食恐竜。全長 7.5m。北アメリカの地層から化石が発見されている。後頭部にのびる長いトサカが最大の目印で、その内部は空洞になっていた。その空洞に息を通すことで、低い音を出せたようだ。

©Masato Hattori

パラサウロロフスの幼体

アメリカで発見された全長２mの個体。推定年齢は１歳未満とされる。トサカはあるものの、成体とは大きく形状が異なる。内部はやはり空洞で、息を通すことで音を出せた。その音は成体の音よりもいくぶん高い。

するもので、しかもそれは「良い母」を示唆したものだ。

　ハドロサウルス科の恐竜たちは、大きなフリルや背中に並ぶ骨の板、するどいトゲなどの目立った特徴がない。実際のところ、エドモントサウルスとマイアサウラを一見して見分けることができるのは、おそらくかなり「慣れた眼」をもつ人だけだろう。

　それは骨格が似通っているためだが、近年になって、少なくともエドモントサウルスには、軟組織でできたトサカがあったことが報告されている。軟組織は硬組織である骨よりも化石に残りにくいため、ひょっとしたら他のハドロサウルス科の恐竜も、何らかのトサカをもっていたのかもしれない。ただし、その形は軟組織が発見されるま

パラサウロロフスの成体
©Masato Hattori

では不明である。

「目立った特徴はない」と書いたばかりだが、実は、この表現は正確性に欠けている。

ハドロサウルス科の中には、「ランベオサウルス類（亜科）」という小グループが存在する。この小グループの恐竜たちの多くは、それぞれ独自の形の〝トサカ〟をもっているのだ。エドモントサウルスとは異なり、こちらは骨製のトサカである。

例えば、カナダのアルバータ州やアメリカのモンタナ州のカンパニアンの地層などから化石が発見されている「パラサウロロフス（***Parasaurolophus***）」は、長さ1メートルにおよぶかという、まるでシュノーケルのような形をした骨製のトサカをもっていた。

このトサカの内部が空洞になっていた。そこで同じ形の模型をつくって、この空洞に空気を流し込むという実験が行われたことがある。結果、オーボエのような低い音が出た。

かつて戦国時代の戦場で合図にホラ貝を使っていたように、低い音は遠くまで届く。パラサウロロフスはトサカから出る低い音を使ってひょっとしたら〝遠距離会話〟をしていたかもしれない。

なお、2013年にはパラサウロロフスの幼体とされる化石も報告されている。幼体は成体と比較すると、発見されている個体数は少ない。それ故に貴重な標本である。このとき報告された幼体には、すでにトサカがあった（ただし、成体のような細長い部分は未発達）。注目されたのは、この幼体の年齢で、1歳未満であるという。この段階からトサカがあったということは、他種と比較しても珍しい。なお、その音を再現する研究も行われており、成体よりも高い音が出ることが指摘されている。

ほかにも、カナダのアルバータ州に分布するカンパニアンの地層から発見された「コリトサウルス（***Corythosaurus***）」は、まるでウルトラセブンのようなトサカをもっていたことが知られている。また、同じ地層から化石が発見されている「ランベオサウルス（***Lambeosaurus***）」は、横方向の厚みのないリーゼントのようなトサカをもっていた。こうしたトサカは、成長によって大きくなったことがわかっている。

さて、お気づきになられただろうか？

こうしたハドロサウルス科に関して、やたらと「カンパニアン」という時代名が出てきた。カンパニアンは、白亜紀後期を構成する６つの地質時代のうち、最後から二つ目の時代である。むかわ町の恐竜が生きていたマーストリヒチアンの一つ前だ。

そして、カンパニアンのハドロサウルス科として、ここではいずれも北アメリカ大陸の種類をしてきた。

なぜ、北アメリカ大陸のカンパニアンのハドロサウルス科ばかりなのか？

もちろん、彼の地が調査が進んでおり、多くの種が発見・報告されているということもあるだろう。

しかし実際のところ、北アメリカ大陸における恐竜たち（ハドロサウルス科に限らない）が、カンパニアンに入ってからいっきに種数を増やしているという統計データもある。

このうち、ハドロサウルス科（と角竜類）に関しては、カンパニアンの種類数の増加が、北アメリカ大陸における造山運動と関係していたのではないか、という研究が、アメリカのオハイオ大学に所属するテリー・Ａ・ゲイツたちによって２０１２年に報告されている。

白亜紀という時代、北アメリカ大陸の中西部は南北に長く水没し、東西に分断されていた。この水没していた地域が、白亜紀後期になると地殻変動によって隆起をはじめた。

ゲイツたちの研究では、この造山運動が多様化のトリガーとなった可能性が指摘されている。のちのロッキー山脈をつくることになるこの地殻変動（造山運動）によってできた新たな山や谷などによって、恐竜たちが生息していた地域は急速に分断され、地理的に分断されていったというのである。

種の分化は、隔離された地域で起きやすい。遺伝子の交流が途絶えるので、突然変異が蓄積しやすく、結果として、その地域特有の固有種を生み出すことになる。

結果として、カンパニアンのころから急速に種数が増えていった、というわけである。

以上のように、ハドロサウルス科の恐竜は、非常に多くの情報をもっている。穂別の恐竜もその全貌が明らかになれば、こうした情報に新たな知見が加わることになるかもしれない。

大事なことだから、もう一度書いておこう。

地味だけれども、スゴイやつら。

穂別の恐竜はその一員として、期待が集まっている。

第一次発掘において、長さ1・2メートルの大腿骨（太腿の骨）が発見された。大腿骨は、その動物の全長を推定するのに重要な手がかりとなる。２０１４年1月17日のプレスリリースによれば、その全長は8メートルであるという。

第3章

世界のハドロサウルス類

ハドロサウルス科は、とにかく種類が多い。先に紹介したエドモントサウルスやマイアサウラ、パラサウロロフス、ランベオサウルスはほんの一部である。

穂別の恐竜には、いったいどのような仲間がいたのだろう?

ここで、講談社の図鑑『MOVE 恐竜』と、小学館の図鑑『NEO【新版】恐竜』の中から、両書に共通して登場するハドロサウルス科の恐竜を紹介してみたい。

Hadrosaurus

ハドロサウルス

鳥盤類鳥脚類の植物食恐竜。全長7m。アメリカの地層から化石が発見されている。「ハドロサウルス類（科）」の名前の由来となった恐竜。ちなみに、「ハドロサウルス」とは、「がっしりとしたトカゲ」の意。

©Masato Hattori

Telmatosaurus

テルマトサウルス

鳥盤類鳥脚類の植物食恐竜。全長5mと、ハドロサウルス科の恐竜としては小型の部類に入る。ルーマニアの地層から化石が発見されている。ハドロサウルス科の恐竜としてはいささか原始的に位置づけられる。

©Masato Hattori

Brachylophosaurus

ブラキロフォサウルス

鳥盤類鳥脚類の植物食恐竜。全長8.5m。北アメリカから化石が産出するハドロサウルス科の恐竜。本種の大きな特徴として、眉間から後頭部にかけて平たい板状になっている。テルマトサウルスなどよりも進化的。

©Masato Hattori

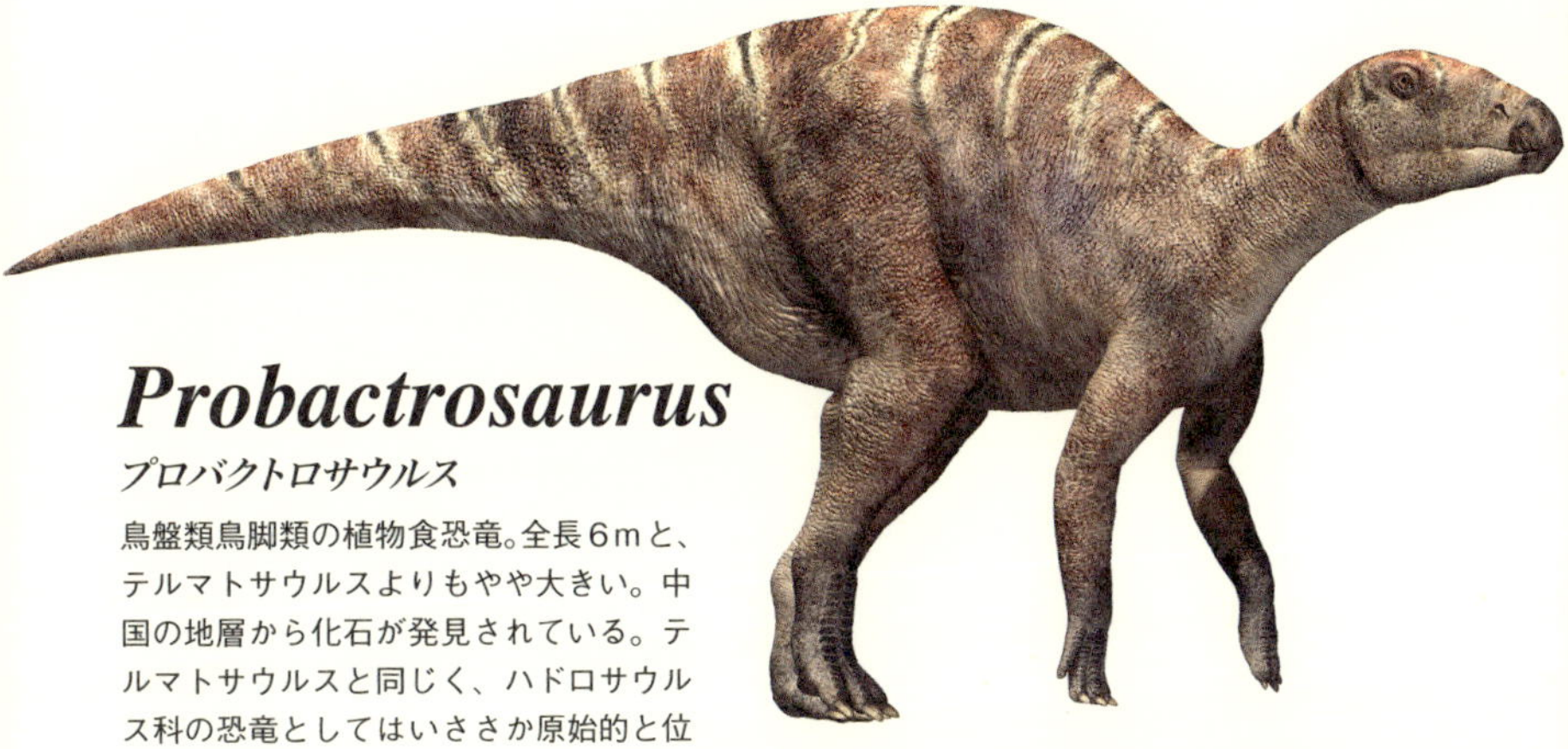

Probactrosaurus

プロバクトロサウルス

鳥盤類鳥脚類の植物食恐竜。全長6mと、テルマトサウルスよりもやや大きい。中国の地層から化石が発見されている。テルマトサウルスと同じく、ハドロサウルス科の恐竜としてはいささか原始的と位置づけられる。

©Masato Hattori

Saurolophus

サウロロフス

鳥盤類鳥脚類の植物食恐竜。全長12mのハドロサウルス科の大型恐竜である。このサイズは、ティラノサウルスと同等である。カナダとモンゴルの地層から化石が発見されている。

©Masato Hattori

©Masato Hattori

Prosaurolophus

プロサウロロフス

鳥盤類鳥脚類の植物食恐竜。全長８ｍのハドロサウルス科の恐竜である。サウロロフスと同じように、その化石はカナダとモンゴルの地層から発見されている。

©Masato Hattori

Hypacrosaurus

ヒパクロサウルス

鳥盤類鳥脚類の植物食恐竜。全長10mのハドロサウルス科の大型恐竜である。北アメリカの地層から化石が発見されている。まるでウルトラセブンのような、半円形のトサカをもっていることが特徴。

©Masato Hattori

Tsintaosaurus

チンタオサウルス

鳥盤類鳥脚類の植物食恐竜。全長 8.3m のハドロサウルス科の恐竜である。中国の地層から化石が発見されている。頭部に平たいトサカをもっていた。

©Masato Hattori

チンタオサウルスの旧復元

チンタオサウルスの旧復元。当初、トサカの骨は一部分だけしか発見されていなかったため、棒状に復元されていた。

Olorotitan

オロロティタン

鳥盤類鳥脚類の植物食恐竜。ハドロサウルス科の大型恐竜で、そのサイズはティラノサウルスと同等の全長12mに達した。斧のような形の大きなトサカを最大の特徴とする。化石は、ロシアから発見されている。

©Masato Hattori

まずは、グループ名にもなっている「ハドロサウルス（***Hadrosaurus***）」だ。

「***hadro***」は、ギリシア語の「hadron」に由来する言葉で「がっしりとした」や「じょうぶな」という意味がある。その化石はアメリカのニュージャージー州に分布するカンパニアンの地層から発見され、全長は7〜10メートルとされる。

ハドロサウルスは、ハドロサウルス科の恐竜として最初に骨格が組み立てられたことで知られる。このときの骨格は背筋を上にのばした二足歩行型だった。しかし、その後の研究で二足歩行も四足歩行もすることが明らかになり、現在に至る。ハドロサウルスはハドロサウルス科の中では、比較的原始的とされる。

同じく原始的なハドロサウルス科の恐竜と

しては、ルーマニアのマーストリヒチアンの地層から化石が発見されている「テルマトサウルス（***Telmatosaurus***）」がいる。全長は5メートルで、穂別の恐竜より3メートルほど小さな小型種だ。クチバシの幅がせまく、歯が少ないという特徴がある。

中国の四川省の白亜紀前期（「アルビアン」という時代）の地層から化石が発見されている「プロバクトロサウルス（***Probactrosaurus***）」もまた原始的なハドロサウルス類とされる。テルマトサウルスに似てクチバシの幅がせまい。全長はテルマトサウルスよりも一回り大きくて5・5〜6メートルと推測されている。

こうした「原始的なハドロサウルス科」とされるものと比べると、カナダのアルバータ州やアメリカのモンタナ州に分布するカンパニアンの地層から発見されている全長7〜8・5メートルの「ブラキロフォサウルス（***Brachylophosaurus***）」は、「進化的」とされる。

ブラキロフォサウルスは、頭部が独特で、ランベオサウルス類のような顕著なトサカはもたないものの、鼻面が膨らんでいて、眉間から後頭部にかけて平たい骨の板があった。「平たい骨の板」は、トサカのように立っているのではなく、平面が頭部にはりついたようになっている。

当時の世界の「地理」を物語っているのは、全長9〜12メートルの「サウロロフス（***Saurolophus***）」だ。サウロロフスは、パラサウロロフスのものと比較すると細くて短いトサカをもつ恐竜で、カナダのアルバータ州とモンゴルのマーストリヒチアンの地層から化石が発見されている。

このことは、当時、ベーリング陸峡が存在していて、北アメリカ大陸とアジアが陸続きになっていたことを意味している。サウロロフスはベーリング陸峡をわたって、アジアと北アメリカ大陸に分布を広げた、というわけだ。「サウロロフス」とは「トサカのあるトカゲ」という意味である。

同じく「サウロロフス」の文字を名前にもつものとしては、「プロサウロロフス（***Prosaurolophus***）」が報告されている。化石の産地は、カナダのアルバータ州と、アメリカのモンタナ州に分布するカンパニアンの地層だ。そのトサカは平たくて短い。

ハドロサウルス科内の小グループであるランベオサウルス類に注目しよう。

まず「ヒパクロサウルス（***Hypacrosaurus***）」を紹介しておこう。全長9～10メートルで、カナダのアルバータ州に分布するマーストリヒチアンの地層と、アメリカのモンタナ州に分布するカンパニアンの地層からその化石が発見されている。コリトサウルスと同じようにウルトラセブンのようなトサカをもっているが、コリトサウルスのそれよりも一回り小さい。サハリンから発見されているニッポノサウルスは、このヒパクロサウルスに系統的に近い恐竜であると考えられている。

研究の進展によって、頭部の形状が変わってきたのが、中国の山東省のカンパニアンの地層から化石が発見されている「チンタオサウルス（***Tsuintaosaurus***）」である。

チンタオサウルスは当初、トサカがあるかどうかはわからなかったが、1本の棒のような骨が発見されたことで、「ツノのようなトサカ」をもつ種として復元されてきた。しかし、２０１３年に発表された研究で、ツノは実は平たいトサカの一部であることが明らかになった。

ランベオサウルス類の中で「圧巻」ともいえるのは、ロシアのマーストリヒチアンの地層から化石が発見されている「オロロティタン（***Olorotitan***）」だ。全長は12メートルに達し、この値はティラノサウルスと同等である。そして、まるで斧のような形をした独特のトサカをもち、しかもそれが大きい。

穂別の恐竜が、どのような種に近縁で、どのような姿に復元されるのかは、現段階では不明である。ここで紹介したハドロサウルス科のどれかと似るのかもしれないし、未知の姿で復元される可能性もある。

特別インタビュー

フィリップ・カリー、穂別の恐竜を語る

北海道大学総合博物館の小林快次の研究室には、海外の研究者が滞在していることが多い。本書の執筆中には、カナダ、アルバータ大学のフィリップ・カリー教授が研究のために訪れていた。

カリー教授は、世界の恐竜学を長く牽引する恐竜学者である。筆者の世代の〝恐竜好き〟にとってはかなりの有名人で、彼の著作を読んだことがない、という人は「恐竜好きとしてはモグリである」とさえ言っても過言ではないだろう。カリー教授が1994年に日本向けに書き下ろした『恐竜ルネサンス』は、筆者にとって高校時代のバイブル的な存在だった。当時、カリー教授は、ロイヤル・ティレル古生物博物館恐竜研究プログラムの部長であり、45歳だった。

そして、67歳にして今なお、世界の研究の最前線に立つ。

折角の機会である。小林の仲介もあり、カリー教授に穂別で産した恐竜化石について話を聞くことができた。ここでは、そのインタビューの結果を掲載しておこう。

穂別で恐竜化石がみつかる以前の、日本の恐竜化石についてのイメージは？

昔から日本の恐竜には興味がありました。

1980年代には、中国やモンゴルで発掘調査をするついでに日本によったこともあります。

1992年には、たまたま友人が穂別町で外国語教師をしていました。穂別博物館が開館したばかりのころで、その友人に誘われて博物館を訪ねたことを覚えています。

当時の日本の恐竜化石は、「部分化石」というイメージが強かったですね。からだの一部だったり、歯だったり。そもそも、日本で恐竜化石がみつかるということ自体があまり知られていませんでした。

北海道の化石についてのイメージは？

北海道の化石といえば、アンモナイトですね。そして、クビナガリュウ類などの海棲爬虫類です。

正直にいえば、私の専門分野外の古生物ばかりですから、これまではさほど大きな注意を払っていませんでした。

……とはいえ、恐竜化石がまったく出ない、とは思っていませんでした。カナダでも海でできた地層から恐竜化石がいくつかみつかっていますから。ちなみに、カナダの海の地層からみつかる恐竜化石はハドロサウルス科の恐竜が多く、幼体が多く、全身骨格が多いことが特徴です。

したがって北海道からも、いつか同じように良質な恐竜化石が出るだろうとは思っていました。実際に、ニッポノサウルスもみつかっていますからね。

それだけに、小林博士から穂別で恐竜化石がみつかったという話を聞いた時には、とても興奮しました。

関節した状態であり、地層の時代もしぼられているというじゃないですか！　すばらしい。

私はモンゴルとカナダをメインのフィールドとしています。その中間地点ともいえる北海道でみつかったのは、学術的にたいへん価値があると考えています。それが、私にとって縁のある穂別だったというのは、とても嬉しいですね。

Q 穂別の恐竜について、どのような学術的な意義を感じているか？

非常にポテンシャルが高いといえます。

アジア、とくに中国やモンゴルの地層は、細かい時代がわかっていないことが多いのです。したがって、そうした地層からみつかる恐竜も、厳密な意味での「いつ生きていたのか」は、よくわかっていません。

それにくらべて、北海道の蝦夷層群や函淵層群は、時代を決める精度がとても高い。アメリカの同様の精度をもつ地層と比較することが可能です。

研究者の間では、白亜紀末期、恐竜が北アメリカ大陸とアジアの間で移動していたという話がよく議論になります。

どちらがどちらへ移動したのか。いつ、どのような時期に移動したのか。そのときの環境はどうだったのか。こうした議論を進める上で、化石が産出した地層の時代がわかるということは、とても大切なことです。

もしも、今回のハドロサウルス科の恐竜が、モンゴルなどで確認できている種と同じだった場合は、その種を介することで、これまではよくわからなかったモンゴルの地層の時代を絞り込む鍵となるでしょう。

もっとも、私は今回のハドロサウルス科の恐竜が新種である可能性が高いと考えています。そうなれば、モンゴルとの対比には使えないかもしれません。

しかし新種であれば、それはそれで、新たな恐竜が〝誕生〟することでもあり、とても楽しみです。クリーニングが終了する日を楽しみに待っています。

Q 穂別の恐竜の今後に期待することは？

一つには、詳細な論文が出ることを期待しています。どのような特徴があり、どのように分類されるのか。標本の状態が良いだけに、中国やモンゴル、カナダのハドロサウルス科の恐竜とどのような関係にあるのかがわかることを期待しています。

世界中のハドロサウルス科の研究者が、クリーニングの終了と論文の発表を心待ちにしています。これだけすばらしい標本です。論文が発表されたのちは、世界中から研究者がむかわ町を訪ねることになるでしょう。もちろん、私自身も絶対に再び訪ねたいと思います。

むかわ町のみなさんには、「一つあったのだから、もう一つみつかるかもしれない」という意識をもっていただきたいと思います。そうすれば、まちがいなく、第2、第3の恐竜化石がみつかるはずです。アマチュアの愛好家の方でも、そうした恐竜化石をみつけ、博物館や大学にもってきて頂ければ、まちがいなく日本のサイエンスは前進することになるでしょう。

学名が決まるまで

「学名」とは、国際的に通用する、その生物の名前のことだ。とくに、生物の種を指す場合を「種名」と呼ぶ。一般的に「学名」という言葉を使う場合は、この「種名」を使う場合が多い。

種名は、ラテン語で表記することが望ましいとされる。例えば、私たちヒトの種名は、「*Homo sapiens*」と斜体（イタリック）で表記される。あるいは、「Homo sapiens」というように、アンダーラインを引くことが義務づけられている。その理由は、アルファベット文を考えてみると納得がいく。例えば、英語で「I am a Homo sapiens.」とそのまま書くと、「Homo sapiens」の部分が名前（固有名）なのか、学名なのかがはっきりしない。斜体やアンダーラインにすることで、普通の名詞ではなく、学名であると理解できるのだ。

Homo sapiens の「*Homo*」の部分を「属名」と呼び、「*sapiens*」の部分を「種小名」と呼ぶ。属名の頭文字を大文字で、種小名の頭文字を小文字で書く。これも決まり事だ。この属名と種小名をあわせて「種名」と呼ぶ。

属名と種小名の関係は、日本人にとっての姓と名の関係に近いといえる。

我が国の伝統にのっとって、「山田太郎」さんを例に話を進めてみよう。山田太郎さんには、その弟に「山田次郎」さんがいる。山田太郎さんと山田次郎さんの見た目はよく似ているけれども、でも別人だ。山田さんの家には、他にも三郎さんや四郎さんもいる。みんな似ているけれども、別人である。

この「山田」という姓が学名では属名にあたり、「太郎」「次郎」「三郎」……という名が種小名にあたる。

同じように、*Homo sapiens* には、「似ているけれどもちがう」という仲間がいた（ただし、山田家のような血縁関係はない）。現在の地球に生きているヒトは、*Homo sapiens* という1種のみだけれども、かつては、*Homo neanderthalensis* や *Homo erectus* など、10種以上のヒトがいたことがわかっている。*Homo neanderthalensis* や *Homo erectus* は、同じ *Homo* という属の仲間だけれども、山田さん家の太郎と次郎が別人であるのと同じように、*sapiens* と *neanderthalensis* も別種である。これを「同属別種」という。

新たに発見された標本が「新種である」となった場合、既知の種とのちがいが大きなものでなければ、既知の属の中に新たな種小名がつくられる。山田さんの家に新たな家族が加わったようなもので、それは山田家（属）の中のことなので、どこか似ている。

明らかに山田さんの一族ではない場合、すなわち、既知の属とは明らかに異なる場合には、属名から新たな名前がつけられる。「佐藤太助」さんといった具合である。同じ「新種」であっても、これをとくに「新属新種」と呼ぶ。

「新種として名前がつく」という場合、シンプルな新種なのか、新属新種なのかでインパクトがかわってくる。関係者はドキドキしながら、それを待つわけだ。

日本の場合、新種発表の前に「和名」という独自の名称が発表されることが多い。「フタバスズキリュウ」「ホベツアラキリュウ」「フクイリュウ」「タンバリュウ」といった具合に、絶滅爬虫類に関しては「~リュウ」とつけられることが一般的である。これに関しては、あくまでも日本独自の名称なので、とくに審査などはない。

しかし、学名をつけるとなると、いくつものハードルが存在する。

新種なのか、新属新種なのか。既知の近縁種とのちがいをきちんと調べ上げないといけない。そうした研究を経て、新種である理由をまとめあげた論文を執筆する。もちろん英語が基本である。その論文は、国際的な学術誌に投稿され、審査される。審査するのは、同じ分野を研究する同業者。細部まで検討されて、問題ナシと判断されれば、論文が受理されて（これを「アクセプト」という）、学術誌に掲載されることになる。受理までの間には、何度も修正と再審査を重ねることも珍しくなく、ときには掲載不可とみなされる（これを「リジェクト」という）ことも少なくない。

この投稿論文に、新たな学名を記載する。当然のことながら、これまでに同じ名前が使われていないかを調べていなければいけない。また、基本的にはその学名は、その種の特徴を表すことが望ましいとされる（望ましい、というだけなので、過去には自分の好きなアイドルの名前をつけた研究者もいると聞く。実際には、研究者の自由だ）。

論文が学術誌で発表されるまで、学名がどのような名前なのかは機密事項だ。過去には、研究者がうっかりと漏らしてしまったがために、その名前が無効となった例もある。

そうした紆余曲折を経て、ようやく決まるのが学名だ。

ただし、学術誌に掲載されたのちは、今度は審査員以外の研究者によって検証が行われることになる。その検証の結果、やはり既知の種と同じ種だったという場合には、新たな学名は無効となり、抹消される。実際に、毎年、いくつもの学名が消えている。

とくに古生物の場合は、その手がかりは化石だけである。標本が少ない場合は、既知の化石とのちがいが、属や種のレベルなのか、それとも同種内での個体差なのかを慎重に検討しなければいけない。たった一つの名前を決めるその背景には、多くの議論があるのだ。

第5部

これから

第1章 むかわ町のこれから——竹中喜之

むかわ町町長。取材で町長室を訪ねると、穂別で産した恐竜化石の尾椎の写真が、大きなパネルで飾られていた。窓際には化石や恐竜のフィギュアも並んでいる。本書に登場する唯一の行政関係者。

「恐竜化石を地方創生の核としたい」

むかわ町長竹中喜之はそう語る。

穂別博物館から南南西に直線距離で約27キロメートル、自動車で約50分の距離にあるむかわ町役場本庁舎2階の町長室。そこには、穂別産とされるアンモナイトの化石が飾られている。

竹中は大分県の生まれである。しかし、生後すぐに両親の仕事の関係で北海道にやってきた。北海道で育ち、大学を出て、鵡川《むかわ》町役場に就職した。その後、町議会議員となった。

鵡川町と穂別町は、一級河川の鵡川で結ばれる隣町だ。しかし、海に面して、ししゃもで知られる鵡川町と、山中に位置して昔から化石で知られてきた穂別町では、〝文化〟がちがう。

竹中が鵡川町役場で働いていたとき、あるいは、町議会議員として活動していたとき、穂別町のことを「隣町として」気にかけていた。

「化石がみつかる町なんだな」

穂別町では、1977年の「ホッピー」発掘をきっかけとして博物館を整備し、町の中心部には「生きている化石」として知られるメタセコイアを街路樹として植え、アンモナイトやクビナガリュウなどの模型を街路灯に飾るようになった。

国道235号のむかわ町の入口にある標識。
(Photo：オフィス ジオパレオント)

この道を穂別町では「進化の道」と呼んだ。

そうした情報を竹中はあくまでも「隣町についての知識」として認識していた。特段に化石に興味があったわけではない。

2006年、鵡川町は穂別町と合併し、今日のむかわ町となった。当時、全国的にいわゆる「平成の大合併」が進行していた。人口減少・少子高齢化にともなう行政・財政の再編成が目的として行われたこの動きは、北海道の小さな町でももちろん例外ではなかった。

穂別町と鵡川町が合併してむかわ町となったとき、両地域の〝個性〟をそのまま引きつぐ方針となった。そのことを象徴するかのように、現在のむかわ町の入口には、鵡川を背景として、ししゃもとクビナガリュウが描かれた標識がある。

そもそも、それは何なのだ？

役場職員をしていたとき、そして、議員時代、竹中がプライベートで穂別博物館を訪ねたことは数えるほどしかなく、それは合併してからのちも変わらなかった。もちろん、アンモナイトなどの化石採集をしたこともない。

そんな竹中が、穂別の恐竜化石のことを知ったのは、２０１３年3月のことである。当時、竹中は町議会の議長となっていた。

定例議会予算特別委員会。２０１３年度の予算が審議される場だ。そこで配布された資料の教育費の予算項目に見慣れない文字が並んでいた。

化石の発掘調査費。

当然のごとく、議員から説明を求める声があがった。教育振興課長が答弁に立つ。

「実は、まだマスコミに発表していないことですが……」

議会という政治の場に「白亜紀の恐竜化石」という言葉が出た。

しかし、多くの議員にはピンとこない。

「そもそも、それは何なのだ？」

この段階で、竹中を含む多くの議員が恐竜とクビナガリュウのちがいを認識していなかった。なんとなく、「映画に出てくるような大きな生物はみんな恐竜である」と考えていた。

「みんな恐竜である」のなら、これまでにも穂別で発見されている。博物館は、そんな〝恐竜〟のためにつくられたのだ。今さら新たに予算をつける理由にはならない。

「いったい、これまでの〝恐竜〟とは何が異なるのか？」

教育振興課長がうっとりとした眼で語りはじめた。

まず、恐竜とクビナガリュウは異なる生物であるということ。

穂別で発見された恐竜化石は、超一級品である可能性が高いということ。

熱意に議員たちものってきた。

否はなし。

その場では、報道発表などを含めた一切を北海道大学総合博物館の小林快次准教授に任せること、行政サイドで勝手に発表しないことなどが確認された。

町は、発掘の支援体制を整えることにした。恐竜化石の発掘に関しては、国も北海道も予算制度が準備されていない。そこで、むかわ町単独で予算をつくるとともに、北海道にも支援を要請することにした。

恐竜ワールド構想

2014年に町長に就任した竹中は、9月の第二次発掘を前にして、むかわ町と北海道大学総合博物館と相互協力協定書を締結した。普及活動などについて協力して進

2014年、北海道大学総合博物館とむかわ町は、相互協力協定を結んだ。
(Photo：むかわ町穂別博物館)

めることを確認しあう。

そんな中、竹中は視察で穂別の発掘現場を初めて訪れた。

眼を丸くした。

「よくもまあ、こんな山奥で」

道道から約2キロメートルも入った山の中。しかも、急斜面の途中で進められている発掘。情報としては知っていたものの、その〝現実〟に圧倒された。

小林と会うたびに、少しずつ竹中の知識も増えてきた。知識が増えると、じわじわと熱が上がってくる。

「このシロモノは、タダモノではないな」

いつの間にか竹中は、道や国に対して「恐竜化石の広報係」のような役割を果たすようになった。

そして、知った。どこにでも恐竜ファンはいるもんだ。

たとえば省庁を別件で訪ねたとき、話をふられることもあった。

「むかわの恐竜の話をしてくださいよ」

子供だけではない。大人だって、実は恐竜が好きなのだ。

２０１５年12月。「恐竜ワールド構想」を発表した。

むかわ町は、町づくりの将来像として「人と自然が輝く清流と健康のまち」をかかげている。恐竜化石の活用は、そのシンボル事業となった。

恐竜化石だけではない。

アンモナイトもある。

クビナガリュウもある。

モササウルスもある。

穂別の豊富な〝化石資源〟を、地方創生の核にする。その学術的な価値、教育的な価値、資産的な価値、産業的な価値、戦略的な価値を確認し、活かすやり方を模索している。

近年、地方の過疎化は「待ったナシ」で進んでいる。

竹中が初めて鵡川町にやって来た1970年代、鵡川町と穂別町、あわせて約1・5万人の人口があった。田中角栄首相が1970年代に進めた〝日本列島の改造〟。当時の計画によれば、鵡川町だけで現在の人口は3万人とも4万人ともなっているはずだった。しかし現実は厳しく、現在はむかわ町全体で約8700人である。

町の首長としては、まず、この8700人と価値観を共有したい。そして、町を発展させていきたい。

そのための、恐竜ワールド構想だ。町民自身が化石活用のアイデアを出し、学術分野、行政分野と連携しながら事業を展開していく。

基本理念は二つ。

一つは「化石にふれあい、化石に学ぶ」こと。

もう一つは「化石を活かし、化石と生きる」こと。

化石を前面に出した構想である。

今、恐竜化石の発掘でむかわ町は全国から注目を集めている。これを逃してはいけない。一過性の流行で終わらせてはいけない。そう考える。

２０１６年４月には、役場内にも恐竜ワールド構想を推進するための専門部署をつくった。

「未来へつなげていくにはどうすれば良いのか」

プロジェクトは歩きはじめている。

第2章 恐竜化石のこれから——小林快次 その4

2013年の第一次発掘、2014年の第二次発掘によって、化石と化石が入っているであろうノジュールをほぼ回収した。その総重量は6トンにおよぶ。

第一次発掘では、大腿骨を得た。これによって、全長8メートルという大きさが推定できるようになった。

第二次発掘では、頭骨を得た。これによって、この恐竜は尾から頭まで、ほぼ全身が残されている可能性が高くなった。

2016年夏現在、化石は博物館でクリーニング中だ。当初、10年はかかると見られていたクリーニング作業は、作業員である下山正美の技術が向上したこと、クリーニング作業員が増員されたこともあり、急ピッチで進行中である。むかわ町は、なんとか5年で掘り出したいと意気込む。

発掘の指揮をとった北海道大学総合博物館の小林快次は、その後もしばしば穂別博物館を訪ねている。クリーニングが終わったものを順次観察し、いろいろな角度から写真を撮り、3次元情報と

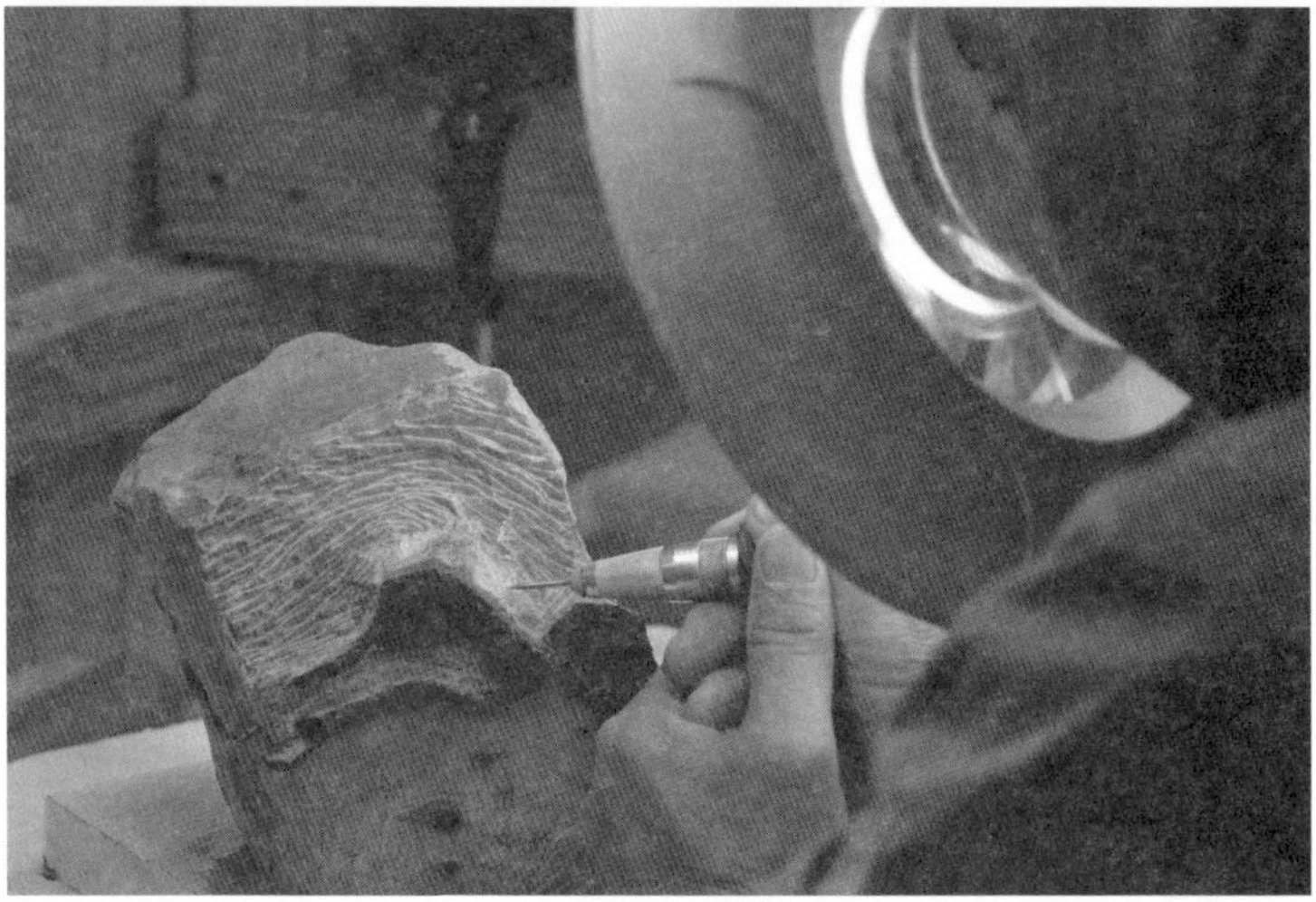

標本庫でクリーニングを待つジャケット群の一部(上)とクリーニングのようす(下)
(Photo：むかわ町穂別博物館)

して、自分のパソコンにデータを取り込む。

小林は、世界中を駆け回るようにして、〝日常の研究〟を進めている。そして、世界中の研究者とのネットワークをもっている。世界の大学や博物館を訪ねた時に、ノートパソコンを持ちこんで、所蔵されている標本と、クリーニング済みの穂別の恐竜化石の3次元データを照らし合わせる。

新種であるかどうか

むかわ町の恐竜は、ハドロサウルス科に属している。それは、発掘前の時点からわかっていた。ハドロサウルス科には、ハドロサウルス亜科とランベオサウルス亜科がある。ランベオサウルス亜科であれば、頭部になんらかの〝トサカ〟をもっていた可能性が高い。

まずは、どちらの亜科に属するか、ということが目下の課題だ。

そして、亜科が決まれば、次は既知の恐竜のどれに近いか、という検討になる。その先に、新種であるかどうか、という検証が控えている。小林は、クリーニング作業と並行して、研究の〝深化〟を進めていく。

現時点ですでに、日本産恐竜化石としては〝最高級〟。間違いなく、日本の古生物学史にむかわ町の名前は刻まれた。あとは、その刻みをいかに増やし、深くすることができるかだ。

今回の発掘では、小林にとっても多くの経験を得ることができた。同時に、自分の研究室の学生たちも、発掘に参加させることができて良かったと思う。

恐竜の化石は、探せば必ずみつかる、というものではない。とくに日本国内であればなおさらだ。将来の研究者をめざす学生にとって今回の発掘は、良い経験になったはずだ。

むかわ町の恐竜の〝四つの価値〟

小林は、今回の恐竜化石には四つの価値があると考えている。

一つ目は、言うまでもなく、標本の価値。この標本は、世界の宝ともいうべき価値がある。注目すべきは「海の地層」からみつかったということ。ほとんどの恐竜化石は、陸の地層からみつかる。しかし今回、海の地層からみつかったことで、陸と海の世界観がつながった。

二つ目は、教育的な価値。もちろん、むかわ町民にとっては格好の「理科教育素材」だ。子供たちがこれをきっかけにして、理科に興味をもつ可能性が高くなるだろう。そして、子供たちのみならず、大人にとっても、生涯学習の素材としては最上級である。

小林は、すでに北海道大学の講義でも、この素材を活かしている。例えば、学生たちに「町は今、何をすべきか」と問いかける。学生は町の立場に立って町おこしの方法を考える。北海道大学のある札幌からは2時間の距離なので、自分で現場を確認し、考察することができる。経済・経営のシミュレーションだ。ちなみに提出されたレポートは、むかわ町役場にも送っている。

三つ目は、広報価値。恐竜化石は、他の化石とくらべるとインパクトが大きい。「むかわ町」という名前が、「恐竜」という言葉に乗って広がっていく。仮に町が広報費を投じて同じことをやろうとすれば、いくら費用がかかるかわかったものではない。町を知ってもらうきっかけとしては、格好の素材である。

四つ目は、産業的な価値。観光客が増えれば、町の収入が増える。博物館などの研究機関向けの複製骨格や、一般販売向けのフィギュアをはじめとした商品化も考えられるだろう。そうした商品をつくる技術を町で育てれば、それは産業になるはずだ。

むかわ町で行われる会議や講演会に出席すると、小林は問われることがある。

「この恐竜は、町にとってどのような意味をもっているのですか?」

その問いに対する答えはいつも決まっている。

「みなさんは今、ダイヤの原石を手にしているのです」

おわりに

——執筆：小林快次

今振り返ると、すべてが運命のように感じる。

むかわ町が恐竜化石を待ち望んでいたこと、恐竜に多大の理解を持ってくれている町長や役場の方々、櫻井さんが恐竜化石を日々探し求めていたこと、山の隅々を熟知している西村さんが穂別博物館に来たこと、道具の使い方を熟知した下山さん、クビナガリュウを研究しに北海道まで足を運んでくれた佐藤さん、そして私が北海道にいること。

アメリカで学位を取った私は、移動を普通のことと考えていた。

日本の大学生は、大学院に進学をする時に、同じ大学に進学、または他の大学を選ぶとしても大学の名前で選ぶことが多い。もちろん、そのことが悪いわけではないが、私がアメリカで学んだのは、大学から大学院に進学するときは、できるだけ違う大学に渡り歩いた方がいいということだった。しかも、大学の名前ではなく、どの研究者のもとで教育を受けたいかということが重要だと。異なった環境に置かれ、自身が求める研究者から影響を受けることで、自身の経験に深みが出て、より広い視野を持つことができるからだ。

それは、仕事も一緒だった。同じところで定年を迎えるという選択ではなく、所属する機関もどんどん移り渡っていく。２００５年、北海道大学に助教として就職する私だったが、その時点で私の心は既に他にあった。「さて、次はどこの大学に行くか。ここにいるのも5年間」と。決して、いい加減な気持ちからではない。このように、常に自分を追い込み、チャレンジすることで自分を奮い立たせるためだった。

その考えも、5年も経たないうちに変わっていく。それは、北海道大学、そして北海道の居心地の良さだった。もっとここにいたいと思い始める。それは、研究を最大限にサポートしてくれる他の教員たち、大学の姿勢だった。年の4分の1から3分の1もフィールドに出ることを許し、理解をしてくれる人たち。

それに加え、北海道が持っている恐竜化石の可能性、そして北海道各地にある博物館学芸員の意識の高さだった。博物館周辺は人口密度の低いところが多く、立地条件は決して良いわけではない。

その中で、研究はもとより、化石を教育や町おこしに最大限に活用する。彼らを見ていると頭が下がる。彼らの研究者としてのプライドと、町への貢献の気持ちが、世界中から研究者を引き寄せる。もちろん、むかわ町穂別もその一つだ。

さらに、私を北海道大学に引き止めるのが、学生と院生、ボランティアのみんなだった。恐竜が研究したいという強い意志。入り口は恐竜かもしれないけど、化石の研究に魅了されていく次世代の若者たち。研究に明け暮れる学生生活は、いつも楽しいわけではない。就職も保証されているわけではない。

それでも、自分に正直に向き合い、全力で突っ走る。彼らの目は、私が見ても眩しいくらい輝いている。ボランティアの皆さんは献身的に恐竜研究をサポートしてくれる。私が時間に追われて見落としたことを、細かく拾ってくれ、潤滑油のように物事をスムーズに動かしてくれる。

今回のむかわ町穂別の恐竜全身骨格の発掘は、これらの人々が一人も欠けてはいけなかった。そして、このタイミングでなければいけなかった。まさに、運命の発見だった。

私たちが発見したのは、まだ「ダイヤの原石」でしかない。

これまでに発見したことのない大きなダイヤであることは間違いない。しかし、これを輝かせるのは、私たちの手にかかっている。私たちとは、この本に登場する人物だけではなく、むかわ町民、北海道民、日本国民。そう、読者のあなたもその一人かもしれない。宝石店に並ぶ輝くダイヤには、たくさんのカット面がある。この多数の面によって、人々を魅了するあの輝きが出てくる。

むかわ町の「ダイヤ」も同じように、みんなで磨いていかなければいけない。もちろん、一番責任があるのは、この「ダイヤ」に近い人たちだ。例えば、私は研究という面の重要性を追求し、「ダイヤ」を磨いていく。しかし、それ以外にも、むかわ町は、町おこしの一つとして活用する方法を検討している。まずは、「ダイヤ」の近くにいる私たちが、その輝きの一部を北海道民に伝えることで、その存在を知ってもらう。そして更に磨くことで、北海道から日本全国へ、そして世界へと認知されていくべきなのだ。

今、むかわ町は、この恐竜化石の価値を世の中に放つため、「恐竜ワールド構想」というものを作った。むかわ町穂別は、日本で初めて海の地層から全身骨格を発見した。この海の地層は、海に棲んでいた恐竜ではない爬虫類やアンモナイトなどの無脊椎動物が発見されている。これまでの日本の主要な恐竜化石産地は、陸の地層であり、陸と海の恐竜時代の再現はできていなかった。しかし、むかわ町はそれらとは異なり、陸と海の両方の動物化石が発見されている。

これによって、むかわ町は恐竜時代の世界を再現できる唯一無二の恐竜化石産地となったのだ。

むかわ町の人たちの熱意のある目を見ると、町おこしという次元を超えて、むしろ彼らはこの恐竜の価値を日本国民、全世界の子供達に伝えることが使命であると感じている。

私は、今年もカナダ、アラスカ、モンゴルへと4カ月に渡って調査に出かける。むかわ町穂別の恐竜が棲んでいたティラノサウルスの時代、白亜紀末の恐竜を探しに。むかわ町穂別の恐竜は、新しい恐竜なのか。どの恐竜に近いのか。どこからやってきて、どこへ移動していったのか。まるで、むかわ町穂別の恐竜の祖先が、北米大陸からアジア大陸、日本へと渡ってきたように、私もカナダから、アラスカを通って、モンゴルへ、そして北海道へと調査地を移動していく。

カナダでは、バッドランドにむき出しになった化石を発掘する。世界でもこれだけ多くの恐竜化石が見つかるところはないだろう。数多くのハドロサウルス科の骨。あまりにたくさんありすぎて、後回しにされるものが多いが、もしかしたらこの中にむかわ町穂別のものに近いものがあるかもしれない。

アラスカは、極圏という環境だけあって、調査も大変だ。氷河が削った地形により、斜面が切り立っている。そして、何よりもその気候だ。夏なのにもかかわらず雪が降ることは当たり前のようにある。それでも毎日ハドロサウルス科の足跡化石を探す。見つけたときは、極圏という厳しい環境でも、恐竜たちが生き延びることができるそのたくましさを感じる。モンゴルの調査は、一変して灼熱と乾燥。もちろん、恐竜時代はこんなに乾燥していなかった。カナダと同様、多くの恐竜化石が転がっている。ハドロサウルス科もその一つ。彼らは、アラスカという厳しい環境を克服して、アジア大陸にやってきたのだ。

そして、むかわ町穂別。

「こんなに過酷で長い旅をしてきたのか」と思う。

むかわ町穂別の恐竜研究は、まだ始まったばかり。誰一人欠けても、この発見がなかったように、もしこれを読んでいるあなたがこの恐竜に関わることがあれば、それも運命だと思う。そのときは、この本のことを思い出して、私たちと一緒にこの「ダイヤ」を磨いてほしい。

世界の恐竜化石著名産地

恐竜の化石は世界中で発見されている。ここではその中から、とくに知名度の高い産地や地層を紹介しておこう。

モリソン層（アメリカ）

アメリカの中西部、モンタナ州やワイオミング州、コロラド州、ユタ州などに広く分布するジュラ紀の地層。肉食恐竜のアロサウルス（***Allosaurus***）や、植物食恐竜のアパトサウルス（***Apatosaurus***）、ステゴサウルス（***Stegosaurus***）といった多種多様な化石が産出する。

優良な化石産地が点在しており、ダイナソー国定公園（ユタ州）、キャニオン・シティ（コロラド州）、モリソン（コロラド州）、コモ・ブラフ（ワイオミング州）、クリーブランド・ロイド発掘場（ユタ州）、ドライ・メサ発掘場（コロラド州）などが特に有名。

ゾルンホーフェン（ドイツ）

ドイツ南部の化石産地で、古くからリトグラフ用や建材用の石灰岩が採掘され続けている。始祖鳥（***Archaeopteryx***）をはじめ、小型肉食恐竜のコンプソグナトゥス（***Compsognathus***）などのジュラ紀の恐竜化石を産出する。始祖鳥に代表されるように、その化石の保存は極めて良好で、通常では化石に残りにくい羽毛などもくっきりと痕跡を残す。

熱河《ねっか》層群（中国）

中国北東部、遼寧《りょうねい》省に分布するジュラ紀後期から白亜紀前期の地層。北票などの産地がよく知られている。羽毛恐竜の化石をよく産することで有名で、今日の「羽毛を生やした恐竜像」の構築に大きな役割を果たしている。羽毛だけではなく、胃の内容物までも化石に残ることが多く、20世紀末から今日に至るまで大きな注目を浴び続けている。

デナリ国立公園（アメリカ）

アメリカはアメリカでも、大陸北西部に位置するアラスカ州の化石産地。高緯度地域であること、アジアとアメリカをつなぐ交通の要衝であることなど、さまざまな視点から近年、急速に注目が高まっている。

ゴビ砂漠（モンゴル）

モンゴルの南部に広がる砂漠地帯は、ジュラ紀中期から白亜紀末期にかけての地層が分布している。南西部のブギンツァフ、南中部のツグリキンシレなどが有名。ティラノサウルス類のタルボサウルス（***Tarbosaurus***）をはじめとして、多くの恐竜化石が産出し、状態も良い。

イスチグアラスト／タランパヤ自然公園群（アルゼンチン）

ユネスコの世界自然遺産にも登録されている化石産地。三畳紀の地層が分布しており、エオラプトル（***Eoraptor***）などの初期の恐竜化石が発見されている。三畳紀の恐竜化石産地は、世界でも珍しく、それだけに多くの注目を集めている。

ジュンガル盆地（中国）

中国北西部、新疆ウイグル自治区にある盆地。ジュラ紀中期から後期にかけての地層が分布しており、30メートル級の巨大恐竜マメンチサウルス（*Mamenchisaurus*）や、原始的なティラノサウルス類であるグアンロン（*Guanlong*）などの化石を産する。

主な参考文献

一般書籍

●『岩波 生物学辞典 第5版』 編集:巌佐 庸、倉谷 滋、斎藤成也、塚谷裕一、岩波書店、2013年刊行
●『大人のための「恐竜学」』 監修:小林快次、著:土屋 健、祥伝社新書、2013年刊行
●『化石が語るアンモナイト』 著:早川浩司、北海道新聞社、2003年刊行
●『恐竜学入門』 著:David E. Fastovsky、David B. Weishampel、東京化学同人、2015年刊行
●『恐竜は滅んでいない』 著:小林快次、角川新書、2015年刊行
●『恐竜ビジュアル大図鑑』 監修:小林快次、藻谷亮介、佐藤たまき、ロバート・ジェンキンズ、小西卓哉、平山 廉、大橋智之、冨田幸光、著:土屋 健、洋泉社、2014年刊行
●『講談社の動く図鑑MOVE 恐竜』 監修:小林快次、真鍋 真、講談社、2011年刊行
●『古生物学事典 第2版』 編:日本古生物学会、朝倉書店、2010年刊行
●『小学館の図版NEO[新版]恐竜』 監修:冨田幸光、小学館、2014年刊行
●『小学館の図版NEO[新版]鳥』 監修:上田恵介、指導・執筆:柚木 修、画:水谷高英ほか、小学館、2015年刊行
●『小学館の図鑑NEO 両生類・はちゅう類』 指導・執筆:松井正文、疋田 努、太田英利、撮影:前橋利光、前田憲男、関慎太郎ほか、小学館、2004年刊行
●『そして恐竜は鳥になった』 監修:小林快次、著:土屋 健、誠文堂新光社、2013年刊行
●『ティラノサウルスはすごい』 監修:小林快次、著:土屋 健、文春新書、2015年刊行
●『日本恐竜探検隊』編著:真鍋 真、小林快次、岩波ジュニア新書、2004年刊行
●『ニッポンの恐竜』 著:笹沢教一、集英社新書、2009年刊行
●『白亜紀の生物 上巻』 監修:群馬県立自然史博物館、著:土屋 健、技術評論社、2015年刊行
●『白亜紀の生物 下巻』 監修:群馬県立自然史博物館、著:土屋 健、技術評論社、2015年刊行
●『ビヨンド・エジソン』 著:最相葉月、ポプラ社、2009年刊行
●『フタバスズキリュウ発掘物語』 著:長谷川善和、化学同人、2008年刊行
●『ポプラディア大図鑑WONDA 大昔の生きもの』 監修:大橋智之、奥村よほ子、川辺文久、木村敏之、小林快次、高桑祐司、中島 礼、執筆:土屋 健、ポプラ社、2014年刊行
●『Dinosaurus A Field guide』 著:Gregory S. Paul、2010刊行、A&C Black
●『EVOLUTION OF FOSSIL ECOSYSTEMS SECOND EDITION』 著:Paul Selden、John Nudds、Manson Publishing Ltd、2012年刊行
●『The DINOSAURIA 2ed』 編:David B. Weishampel、Peter Dodson、Halska Osmólska、University of California Press、2004年刊行
●『*Tyrannosaurus rex* THE TYRANT KING』 編:Peter Larson、Kenneth Carpenter、2008年刊行、Indiana University Press

雑誌記事

●「三笠ジオパーク」 文:土屋 健、『ジオルジュ』2015年前期号、p12−14

Webサイト

●国土交通省国土地理院　http://www.gsi.go.jp
●地質図Navi　https://gbank.gsj.jp/geonavi/
●穂別博物館　http://www.town.mukawa.lg.jp/1908.htm

図録など

●『恐竜2009 砂漠の奇跡!!』 幕張メッセ、2009年
●『地球最古の恐竜展』 NHK、2010年
●『手取層群の恐竜』 福井県立博物館、1995年
●『発掘！ モンゴル恐竜化石展』 大阪市立自然史博物館、2012年
●『穂別町立博物館ガイドブック』 穂別町立博物館、1993年

ほか、学術論文多数

【監修者】

小《こ》林《ばやし》快《よし》次《つぐ》

1971年福井県生まれ、ワイオミング大学地質学地球物理学科卒業。サザンメソジスト大学地球科学科で博士号取得。現在、北海道大学総合博物館准教授。大阪大学総合学術博物館招聘准教授。獣脚類のオルニトミムス類を中心に、恐竜類の分類や生理・生態の研究をしている。主なフィールドは、モンゴル、アラスカ、中国、カナダ、アメリカ。著書に『恐竜は滅んでいない』（角川新書）などがある。

櫻《さくら》井《い》和《かず》彦《ひこ》

北海道小樽市生まれ。むかわ町穂別博物館学芸員。北海道教育大学大学院にて教育学修士を取得。専門は古脊椎動物学。民間の地質コンサルタント会社であるアースサイエンス株式会社を経て現職。モササウルス類やウミガメ化石ほか、穂別博物館で所蔵する脊椎動物化石の整理を行っている。2013年から始まった恐竜化石の発掘調査では採集された化石の整理と管理を行っている。

西《にし》村《むら》智《とも》弘《ひろ》

むかわ町穂別博物館学芸員。京都大学大学院理学研究科で博士（理学）号を取得。専門は白亜紀アンモナイトと白亜紀の地層の研究。2011年に「いのせらたん」を創作。

【執筆者】
土屋《つちや》　健《けん》
オフィス ジオパレオント代表。サイエンスライター。埼玉県生まれ。金沢大学大学院自然科学研究科で修士号を取得（専門は地質学、古生物学）。その後、科学雑誌『Newton』の記者編集者を経て独立し、現職。近著に『白亜紀の生物 上巻』『白亜紀の生物 下巻』（ともに技術評論社）、『古生物の飼い方』（実業之日本社）など。監修書に『ときめく化石図鑑』（著：土屋香、山と渓谷社）。

ザ・パーフェクト—日本初《にほんはつ》の恐竜全身骨格発掘記《きょうりゅうぜんしんこっかくはっくつき》
ハドロサウルス発見《はっけん》から進化《しんか》の謎《なぞ》まで

2016年7月21日　発　行　NDC457
2017年5月15日　第2刷

著　者　土屋《つちや》　健《けん》
発行者　小川雄一
発行所　株式会社誠文堂新光社
〒113-0033　東京都文京区本郷3-3-11
（編集）電話 03-5805-7762
（販売）電話 03-5800-5780
URL http://www.seibundo-shinkosha.net/
印刷所　株式会社大熊整美堂
製本所　株式会社ブロケード
ⓒ 2016, Ken Tsuchiya
Printed in Japan
検印省略
本書記載の記事の無断転用を禁じます。
万一落丁・乱丁の場合はお取り替えいたします。

本書のコピー、スキャン、デジタル化等の無断複製は、著作権法上での例外を除き禁じられています。
本書を代行業者等の第三者に依頼してスキャンやデジタル化することは、たとえ個人や家庭内での利用であっても著作権法上認められません。

JCOPY〈（社）出版者著作権管理機構 委託出版物〉
本書を無断で複製複写（コピー）することは、著作権法上での例外を除き、禁じられています。
本書をコピーされる場合は、そのつど事前に、（社）出版者著作権管理機構
（電話 03-3513-6969 ／ FAX 03-3513-6979 ／ e-mail:info@jcopy.or.jp）の許諾を得てください。
ISBN978-4-416-61636-9